EMPATHIC MANAGEMENT

共情管理

管理的精髓就是共情

李恺阳——著

中华工商联合出版社

图书在版编目(CIP)数据
共情管理 / 李恺阳著. -- 北京 : 中华工商联合出版社，2023.3
ISBN 978-7-5158-3615-7
Ⅰ.①共… Ⅱ.①李… Ⅲ.①管理心理学 Ⅳ.①B848.4–49
中国版本图书馆CIP数据核字(2023)第033411号

共情管理

作　　者：李恺阳
出 品 人：刘　刚
特约编辑：张　亮
责任编辑：李　瑛　孟　丹
排版设计：水日方设计
责任审读：付德华
责任印制：迈致红
出版发行：中华工商联合出版社有限责任公司
印　　刷：北京毅峰迅捷印刷有限公司
版　　次：2023年4月第1版
印　　次：2023年4月第1次印刷
开　　本：710mm×1020mm　1/16
字　　数：150千字
印　　张：14.25
书　　号：ISBN 978-7-5158-3615-7
定　　价：58.00元

服务热线：010－58301130－0（前台）
销售热线：010－58302977（网店部）
010－58302166（门店部）
010－58302837（馆配部、新媒体部）
010－58302813（团购部）
地址邮编：北京市西城区西环广场A座
19－20层，100044
http://www.chgslcbs.cn
投稿热线：010－58302907（总编室）
投稿邮箱：1621239583@qq.com

序言
PREFACE

在企业管理中，80%的问题都和人际交互有关，如沟通交流、认知统一、信赖程度等，矛盾造成了工作的低效性，导致任务无法按预期完成或者不够圆满。同样，矛盾也影响了上下级之间的配合度，严重者会造成团队的分裂。

问题的根源究竟在哪儿？有人把它归结为员工能力不足，也有人把它归结为团队文化缺失，其实最关键的部分还是在领导者身上。

时代变了，企业的核心产品和发展方向都更应聚集于人，其中包括客户，也包括员工。只有充分挖掘人的需求，尊重人的想法，才能打造高质量的产品和服务。企业管理也是如此，那种依靠洗脑和高压的方式驱动员工的管理手段已经落后了，领导应该懂得重视员工、关怀员工和激励员工，这样才能打造一支能征善战的工作团队，才能给企业从内部赋能。

所有的一切，最终都指向了领导力。

领导力是指在管辖范围内充分地利用人力，以最小代价提高团队工作效率的能力。随着“以人为本”成为消费市场和人才管理共同推崇的概念，领导力中的共情管理能力地位凸显，而共情能力是一种能设身处地体验他人处境并由此感受和理解对方的能力。将领导力和共情力相结合，就有了以共情为出发点的人力资源调动能力。

人是有感情的，这种感情不仅体现在对人或者动物、植物的方式上，也体现在其他事物上。比如人对工作的情感，人对企业的情感，人对团队文化的情感。这些情感看似无用，但只要利用得当，就能转化为一种认知力、执行力和凝聚力，对于企业的发展有着重要推动意义。所以，当今时代的领导者，要以新的标准要求自己，学会与员工共情，提升自我情绪管理能力，做好团队愿景的塑造和团队向心力的培养，积累识人用人的经验，打开每一位员工的心扉，激发人性中的善念和潜能，创造一种有人情味、有温度感的管理模式。

本书的出发点就是将领导力和共情力相结合，植根于中国文化的特定背景，提供给大家一套行之有效的共情管理心法和技能。这是一种不拘泥于传统的管理方法，可以全面提升领导者的管理能力，让你更清晰地了解员工的心理状态和心理预期，让整个团队的管理水平更上一层楼。

目录

CONTENTS

第一章 | 共情是信任的基础

第二章 | 一切管理的精髓是共情

第八章 | 如何塑造共情领导力

第一章

CHAPTER 1

共情是信任的基础

共情管理 Empathy Management

1. 恰当的自我表达和员工打成一片

职场中，什么样的领导称得上是好领导呢？和员工没有上下级隔阂的。当然，所谓的没有隔阂并不是让员工和领导没大没小，而是不会受制于级别压制在沟通中出现阻碍的情况，领导要给予员工足够的发声勇气和发声空间，让员工觉得领导虽然是上级，但并不是“不可接触”的。

当然，领导和员工打成一片存在天然障碍，因为很多员工会自动地和领导保持距离。他们不敢和领导随便聊工作以外的话题，也不敢对领导倾吐有关工作的心声，这是因为他们本能地认为，这些话题一旦表达失当，就会影响自己的前途。因此，和员工打成一片不仅是态度问题，更是方法问题。

那么，领导怎样才能拉近和员工的距离呢？核心点在于如何表达。

表达不仅仅是沟通层面的，也是行为层面的，它是一个人通过语言和行动向他人传递的某种信号。这个信号是否足够清晰，是否足够真实可信，完全取决于信号的传递者——领导，主要体现在以下五个方面：

第一，尽量和员工一起吃饭。

在日常工作中，领导和员工往往处于一种比较忙碌的状态，这时候员工很难在领导面前完全放松，领导也没有必要刻意在这种氛围下和员工打成一片，毕竟严肃的场合需要严肃的交互模式。但是，如果是在吃饭的时候，手头的工作暂时忙完了，员工会处于相对放松的状态中，这时候如果领导和员工在一起吃饭，沟通的氛围就会变得不那么紧张，领导就有机会了解一下员工的思想动态，甚至是一个小团队的基本状况。同样对于员工来说，领导愿意和大家一起吃饭、聊天、开玩笑，也会让人觉得领导既没有架子，也真心想多了解员工的方方面面，这样就具备了愉快沟通的前提。

第二，适当为员工考虑。

向员工表达自我的一个突破口，是领导能否站在员工的角度考虑问题，让员工明白领导心里计算的不仅仅是企业的利益，也会尽量照顾到员工的个人利益。这就像是朋友之间的“讲义气”一样，释放出的是一种友善、真挚、诚恳的信号，是和员工建立感情的重要基础。而且，只有当领导能理解并保护员工的利益时，才能表达出足够高的共情能力，让员工敢于借此机会向领导表达内心的想法，让更多的人通过这种上级对下级的利益维护产生亲近感。

第三，偶尔自黑。

高情商的人往往都是擅长自黑的，当然他们这样做的目的是通过自黑拉近和别人的距离。这就像是在朋友关系中，你和对方都出过丑，就不会互相嫌弃，反而会产生特殊的连接点。领导和员工也是如此，如果只是平时在一起吃吃饭，员工不过是觉得领导没有架子，但心中还是保留着几分警惕，担心领导是通过走“群众路线”套他们的秘密，不敢完全敞开心扉和领导沟通。这个时候，领导如果善于自黑，那就会让员工处于真正放松的状态，久而久之，员工也敢于和领导开玩笑了。比如，领导穿了一件高档的西服，款式造型都很不错，但就是尺码略小，于是领导在工作之余对员工说：“我知道你们都觉得这衣服有点不合身，其实也不怪我没挑好，是因为选衣服的时候没吃饭，现在原形毕露了！”用自然而然的叙述手法公开了自己的窘境又无伤大雅，既避免了员工的指指点点，也展示出坦荡的胸襟。自黑还有一点好处是，能够让自己变得更加富有幽默感，而幽默感能够直接体现出一个人的高情商，会让员工觉得领导是可以说几句心里话的人，彼此的关系会朝着更融洽的方向发展。

第四，了解员工的诉求。

共情最朴素的价值在于，你有什么痛点，对方能够第一时间感受到并作出有价值的回馈，这就是人们常说的“善解人意”。同样在职场中，员工也希望领导能够了解他们的诉求，但是受制于上下级关系，员工往往不会直接表达出来，这就需要领导主动去了解，而不是被动地等员工张口。当然，所谓“了解”并不是说直来直去地询问员工，而是通过观察去了解，比如哪个员工结婚生子了，哪个员工是外地来的，哪个员工的职业背景复杂等，根据每个人的不同状况去揣摩他们的需求，这会让员工惊讶地发现领导能够洞悉自己的想法并适当予以满足。自然，员工跟着这样的领导，再也不用担心自己被坑，他们的劳动成果会得到认可，自然会死心塌地地跟着领导一起工作。更重要的是，通过这个良性循环的过程，员工会对领导产生极大的好感，认为领导能够“想他人之所想，急他人之所急”，是一个同理心强的人，值得对其推心置腹并追随一生。

第五，习惯对员工表达谢意。

现在有些领导因为身居高位，对员工的付出认为是理所应当的，这显然欠妥。虽然员工的劳动会有报酬，但适当地表示感谢也并非多余，这就像我们去餐厅、商场等消费场所时会对服务员说“谢谢”一样，代表着一种素质和礼貌。当员工加班加点递交给领导一份文件时，一句“谢谢”表达了对员工的肯定。站在员工的角度思考，领导的致谢代表着理解员工背后的辛勤付出，这同样是共情能力强的表现，会让员工明白自己的奉献会被领导看在眼里。

一个领导想要在团队中树立威信，首先考虑的并不是如何“立威”的问题，而是如何让员工觉得“可亲”又充满“敬畏”，这样才能在拉近和员工距离的同时又能让他们不敢怠慢。如果片面追求领导的神秘感和居高临下感，员工只能是单纯的“害怕”而少有“尊敬”，更不可能“亲近”，自然心就不会和领导在一起，使团队无法形成强大的凝聚力，领导的威信也最终无法真正树立起来。

2. 共情是权力之外的第二影响力

当你用“扣月末奖金”惩罚屡次迟到的员工时，是否想过员工迟到可能是因为要送孩子上学的无奈之举？当你用“人手不足”回绝想要请假的员工时，是否在意过员工回老家是为了帮助家中的空巢老人办理一个复杂的手续？如果领导者习以为常并动辄就挥舞权力大棒，员工很可能会产生逆反心理。

现在很多人都在把共情能力融入到领导力之中，而领导力原本也包含着对权力的合理运用，所以共情与权力并非是对立关系，而是可以互相补充和依赖的关系。

共情分为认知共情和情感共情。对于大多数领导者来说，他们的认知共情能力强，情感共情能力偏弱，甚至位居高位太久连认知共情都会消耗殆尽。这样一来，领导者管理员工就只能靠权力而非影响力。这种结果的负面影响就是，一旦你的权力处于动摇甚至颠覆状态，就会因为没有丝毫的影响力而指挥不动任何一个人，甚至有员工会千方百计地破坏你手中的权力。

这一切，都是因为你不懂得和员工共情。

不会共情，就意味着员工和你的心里距离过大，表面上是服从，背地里是不满。也许有人认为，员工和领导天然就是对立关系，无论怎么和员工套近乎，他们都很难理解你。的确，绝对的感同身受是不存在的，但这并不妨碍理解万岁的存在。

“不当家不知柴米贵”，简单说就是人们很少代入到领导者的视角，用虚拟的身份去理解管好一个“家”有多么不容易，甚至是那些看起来对员工的“压迫”制度也是领导者不得已而为之。其实，员工不是不能理解领导，关键在于这么做值不值得、愿不愿意。

2005年，美国作家大卫·华莱士为肯扬学院做过一次毕业演说，被认为是美国最具影响力的十大毕业典礼演讲之一，这就是《生命中最简单又最困难的事》。演讲中有一段话发人深省：“我们很少去思考这种自然而然出现的自我中心意识，因为从社交方面考虑，这种意识很叫人反感，但实际上，它又确确实实地存在于我们所有人的内心深处。”

“这种意识”指的是什么呢？其实它是我们从出生开始就存在的默认配置：自我中心。这几乎作用于所有人，而对于领导者则更是会被强化。

有一位女经理这样评价自己怀孕的手下：“走一步要好几秒钟，有那么夸张吗？她隔三差五就要请假，说不舒服要休息，都不知道真的假的，我当年怀孕时还天天加班呢！”按理说，女人应该最理解女人，但问题就在于这位女经理并非常人体质，她对业绩有着疯狂的执迷和投入，也舍得牺牲个人的一切，而这就恰恰造成了她无法和其他孕妇共情，她以自己的标准要求他人。结果真的能让员工工作效率更高吗？

答案显然是否定的。不过有一些领导者会采用一种“假共情”的方法来处理，比如一面假装关心地对员工说：“你怀孕了别着急。”一面对着其他员工大声说着“没时间了都抓紧点！”这样一来，那位怀孕的员工就会明白，领导所谓的关心不过是担心目标完不成而不得已作出的样子。自然，这样的领导也不会有任何影响力。

领导者和员工共情，最重要的是要做到两点：

第一，当你准备挥舞权力大棒惩罚或者约束某个员工时，先问自己一个问题：我可不可以不动用权力去解决呢？如果有其他解决办法，那就不妨暂时把权力放在一边，改用说服教育、激励鞭策等方法，尽量不要把和权力有关的词汇放进你的话术中。或许有人会担心这样对付不了“滚刀肉”式的员工，其实不必担心，因为领导者本身就代表着权力，员工不会不懂其中的利害关系。只要你不把和权力相关的词挂在嘴上，不轻易使用权力惩罚对方，员工都会认为你是可以讲道理的人，而当你没有第一时间选择使用权力时，对方也会认为你已经换位思考过了，这种弹性的管理最能凸显人性。

第二，如果可以，你是否能够用领导之外的身份去管理员工呢？要知道，人际关系是一切管理的根本，而共情能力又决定人际关系的好坏，既然管理以人际关系为前提，那么领导者完全可以同时拥有多重身份：面对技术人员是一个资深的老前辈，可以手把手教晚辈实操并提出改进意见；面对行政人员是一个同行，可以和颜悦色地和对方探讨职场心经；面对不服管教的刺头是一个“过来人”，用发生在自己身上的故事警醒梦中人……当你尝试用这些更贴近员工情感认知范围内的身份与之沟通时，他们自然就会感受到一种熟悉感甚至是亲切感，你的言行就有了权力覆盖之外的影响力。

管理中的很多烦恼，大多数都是人际关系的烦恼。当一个领导在管理上遇到问题时，首先考虑的不是如何动用权力来解决，而是先回到人际关系上来，这样你就能真正看清员工对你是否发自内心地服从而非屈从，而判断的标准就是你是否真的关心过员工，是否让他们感受到了温暖。切记，对目标和绩效的过分执迷，会让领导者失去基本的情感认知能力，所以适当收回一些功利心，会更容易设身处地站在他人的立场去考虑问题，时间一长，自然就让员工感受到了尊重，你也就拥有了和谐的上下级关系。

3. 培养诚信文化

现在很多人都意识到了共情的重要性，但在追求共情的过程中却忽视了一个重要问题：缺乏诚信。共情不是简单地和对方搞情感联络，而是要以诚信为前提。打个比方，一个领导者想要让员工和自己保持亲近，不是靠嘘寒问暖就能做到的，而是要先对员工言而有信。切记，共情是手段不是目的，是为了让员工与领导保持长久而稳定的关系。

针对一个员工靠的是言而有信，那么针对整个团队靠的就是培养诚信文化。从领导者自身做起，让团队中的每个人都能感受到来自诚信的温暖，这样才能真正形成稳固的情感联络。

诚信是中华民族的传统美德，也是中国道德文化的核心，中国古代就有着“人无忠信，不可立于世”以及“人而无信，不知其可也”等名言警句。即便把这些观点放到今天也仍然适用，因为诚信不仅代表着一种道德诉求，也是用来评价人的最基本尺度。

具体到企业管理上，领导者要树立威严并和员工保持密切关系，一定要立足于诚信这个基本点，因为只有以信取人才能换来最大的信任。甚至可以说，领导者的诚信具有一定的管理价值和经济价值：当领导者准备号令手下连夜奋战时，如果上级没有敲定奖金是多少、分红占多少，那么员工很难拿出百分百的精力。但如果领导平时言而有信，这时候只要拍拍胸脯让大家先上，自己负责申请，那么整个团队自然就敢投入一切，这就是诚信的经济价值。

既然诚信有着经济价值，自然就有管理价值：当其他领导者绞尽脑汁用各种规章制度约束员工的时候，一个言而有信的上司就可以用口头承诺鼓励员工甚至是警戒员工，因为“言而有信”也代表着说到做到，这种杀伤力就是一般管理者不具备的。

领导者想要借助共情作为管理的辅助手段，最高效的办法就是建立诚信文化。因为在诚信文化中，人与人的关系更加趋近平等，大家会弱化对权力的恐惧和敌视，所以它是企业无形资产的重要组成部分，也是领导者最高威望的奠基石。

既然诚信文化如此重要，该如何在企业或者团队内部建立呢？需要从三个方面入手：

第一，在精神文化层面培育诚信精神并塑造诚信形象。

无论是企业主导的大精神文化还是团队内部推广的小精神文化，都是推动员工成长的土壤。它是形成制度文化、行为文化以及物质文化的基础，也是企业文化的核心。换句话说，必须在追求业绩之前就先确立精神文化，因为一旦人们对业绩开始了穷追猛打之后，精神文化的重要性就会被淡化。简单说就是领导者要在平时的管理和内部活动中，不间断地向员工传递有关敬业、务实、创新等内容，从小事做起，一步步规范员工的行为，让若干个思想不同的人形成共同的价值取向和信念基础，这样一来再推广诚信文化就会容易很多。比如，领导者可以通过晨会向人家讲述以诚信为主题的商业故事，如果是发生在身边的真人真事则更好，一天也许没有效果，但如果持续一个月甚至一年，员工就会不由自主地接纳这种观点。当包括领导者在内的全体人员都习惯用诚信要求自我时，大家就会在无形中拉近距离，把身边的同事和领导当成最可靠的臂膀，以此为基础进行的共情管理就会事半功倍。

第二，诚信文化需要相应的保障制度。

诚信不是几个老套的段子，更不是团建的噱头，它必须落实到制度上，让员工知道恪守诚信可以获得奖励，而背信弃义则要受到惩罚。毕竟，规章制度是员工在共同的生产经营活动中应当遵守的行为准则，原本就是企业或团队运行的必备要素，也是约束人们下限行为的保障。有些领导者之所以推广不好诚信文化，一是过于相信自己的人格魅力，认为通过以身作则就能感染全员；二是高估了员工的自我约束能力。归根结底，推广诚信文化之初需要强有力的制度作为后盾，当员工谎报账单时要坚决惩治，当员工诚恳待客时要给予表扬，不能靠着“看心情”或者“看人下菜碟”制定不同的奖惩标准。当然，制度不是万能的，除了依靠制度，领导者还要借助个人的影响力去说服教育员工，不轻易采用惩罚机制，而一旦决定使用则不能手软，这样才能起到广泛而持久的震慑作用。

第三，加强对诚信行为文化的教育。

人的行为是意识的结果。想要在企业或者团队内部推广良好的行为，就要从意识入手，不能单纯依靠榜样的带动作用。因为一些人往往只能看到表面，无法从内心深处理解。所以领导者要精心策划每一次团建活动，不光要联络感情，更要寓教于乐，一方面通过树立典型增强员工的感性认识，另一方面也要深入浅出地讲述一些理论，让他们明白诚信文化的来龙去脉，一旦形成了下意识的反应，员工就能不由自主地触发诚信行为。

诚信是提高企业运营能力的精神动力，也是激发团队活力的内在动因，更是促进上下级沟通的桥梁。培养诚信文化是产出业绩的先决条件，即便要耗费一些时间和精力，也是“磨刀不误砍柴工”。如果省略了这个过程，就不会有互相信任的正向团队氛围，领导者的共情管理也会变得苍白无力，因为诚信是源，情感是水。

4. 有担当才能服众

随着社会的发展，如今人们在职场中消耗的时间越来越大，和同事、领导接触的时间甚至可能超过了家人。同事就相当于和自己并肩作战的队友，而领导则是决定自己生死的指挥官。从这个角度看，每个职场中人都希望遇到一个有担当的领导，因为这样的领导才能在危机中力挽狂澜，而不是面对失败时推卸责任。

东汉末年，曹操带领军队在经过麦田时，下令不准践踏麦地，违者杀头，于是官兵们都下马用手扶着麦秆，没有一个敢践踏麦子的，感动了四周的百姓，甚至有人跪在地上拜谢。就在这时，曹操的马因为一只飞鸟遭到惊吓，蹿入田地踏坏了麦子，曹操最后用剑割断头发作为惩罚。

“割发代首”是真实发生的事件，之所以能流传千年，还是因为曹操的担当对很多领导者而言太过稀缺。为什么会稀缺呢？

因为没担当的领导会过得更轻松。

如果你在职场混迹多年，相信对这样的剧本会非常熟悉：某员工被领导安排去做一件事，结果因为种种意外事情未成，在谈论责任时领导果断躲到了一边，办事的员工成了背锅人，那真是投诉无门，欲哭无泪。这样的操作就注定了领导永远是“成功者”：失败了找人背锅，做成了抢头功。

没担当的确能享受到这些“红利”，然而这真的没有副作用吗？一个员工吃哑巴亏势单力薄，可如果多个员工被领导摆一道，那么他们就自然而然地结成了统一战线，强势的人会选择离职，腹黑的人会选择报复，即便是懦弱的人也会和领导保持距离，最后成为孤家寡人的还是领导自己。

想要在员工中建立影响力，领导就必须有担当，而担当也是共情的一种。想想看，生活中什么样的话最能暖人心？是不是当你把事情办砸的时候有人说“这事儿不怪你，怨我”？是不是你面对一地鸡毛的时候有人说“别急，有我呢”？同理，员工在职场上也希望听到这样的话，这倒不是为了逃避责任，而是希望遇到麻烦时有人会站在自己这边。

即使不和员工换位思考，没有担当的领导者对自己也是不负责的，因为不把责任揽过来就不会受到惩罚，没有惩罚就难以成长，时间一长就会自动与企业离心离德，反而把主要精力放在勾心斗角上，这样的“人才”哪个企业会喜欢呢？

再换个角度看，找背锅人这种事真的“聪明”吗？真的能掩盖自己的错误吗？恰恰相反。如果把锅频繁推给手下，在外人看来一定是领导自己出了问题，反倒不如和员工分担责任，这样既能展示自己的担当，还会弱化对员工的负面评价，从而保证整个团队的评估不落低分。

团队合作的基础是信任，领导能服众的根本是受人尊重，只有培养强烈的责任感才能受到员工的欢迎，这就需要领导者从四个方面做起：

第一，成为企业的伯乐。

有担当的领导敢于用人，因为遴选人才是要承担风险的，尤其是对那些有才能又有争议的人，一个敢于力排众议的领导最能爆发出人格魅力，而那种畏首畏尾的领导则不敢玩“颠覆式的操作”。所以，善于发现员工隐藏的才能，敢于给员工展示才华的平台，甚至不惜自己背锅给团队争取冒险的机会，这样的领导才可能创造更辉煌的业绩，也最容易得到下属的尊重。

第二，成为员工的指路明灯。

怕担责任的领导，通常不会给员工任何实质性的建议，因为他们担心出了事算在自己头上。可是这样一来，新员工就只能自己摸索，失去了技能跃迁的机会，老员工也只能抱残守缺，不敢创新。所以，有担当的领导要敢于点拨处于迷茫状态中的员工，成为他们职场上的指路明灯。只有敢于点燃自己，才能照亮整个团队，这时即便你自己不抢功，大家也会心甘情愿地喊出你的名字。

第三，成为下属的知心人。

很多企业被高离职率所困扰。人才的频繁流动会降低工作效率，而在各种离职原因中，与领导关系不合是常见的一个。其实领导未必要事事顺着员工，只要在该承担责任的时候不后退，在关键时刻冲在前面，即使和员工就工作问题有摩擦，大多数人也不会轻易选择离职，因为他们心里清楚你是有责任心的领导，而非缺乏人格魅力甚至道德上存在瑕疵。因此，有担当的领导者会增强员工和企业的黏性，是留住人才的重要条件。

第四，成为团队的掌舵人。

让员工对领导心服口服的，永远是领导自身的能力和魅力，而非权力。所以，领导者必须要有大格局，能够站得高看得远，而格局会决定一个人思考问题的方式，影响其行为模式。所以，想要培养个人担当，首先要树立大局观，也就是分析问题多站在团队、企业的角度，这样就会发现原本斤斤计较的事情并不值得，变得不在意眼前的利害得失，因为你已经看得比多数人更深远、更透彻了。

领导是否有担当，其实也是员工对企业是否有发展前景的认定标准之一。当企业在层层筛选人才的时候，人才也在一步步认识企业，他们进入一个团队自然都有大展宏图的职业诉求，而领导是否愿意共担风险就代表着团队的凝聚力和稳定性，也涉及员工和管理层的情感维系，这就是员工对企业的“试用”，更是对领导的“试炼”。

对员工来说，找到一份合适的工作不难，但要找到一个信得过、靠得住的领导却相当不易。既然如此，当一个领导有担当、有责任感时，就等于做到了多数领导做不到的事，其在员工心中的形象就会光芒万丈，因为员工通过领导的担当看到了他们的职业前景一片光明。

5．归属感就是团队凝聚力

人活着就会有各种各样的需求，有物质方面的，也有精神方面的。对于员工来说，在一个团队之中能否待得长久，首要的就是归属感。按照马斯洛的需求理论，通常情况下人的需求是从低层走向高层的，所以想要激励团队成员，就要根据不同的需求层次找对“药方”，这样才能起到凝聚人心的作用。

如果把共情看成是凝聚人心的手段，那么归属感就是核心目标。换句话说，领导者对员工的情感联络要以达到归属感作为首要目的，比如在和员工沟通的时候，让对方感受到家一样的温暖，领导者也不是高高在上的，而是像长辈或者前辈那样，这样才能给予员工充分的安全感。

某些领导因为迷信权力的力量，所以在日常管理中不注重归属感的建立，因为在他们看来，员工跟着自己干无非是混一口饭吃，只要在待遇上不亏待对方就可以了。从表面上看这个逻辑也没什么问题，但是员工在一个团队中也是有情感需求的，他们的确是为了养家糊口选择一份工作，但他们可以选择一个让自己有归属感的团队。一旦忽视了这个基本诉求，员工和领导者的关系也就变成了纯粹的上下级关系或者雇佣关系，他们不会为企业或者团队的未来殚精竭虑，因为他们知道只要有机会随时都可以跳槽。这种缺乏深度情感维系的关系，对团队的稳定性会造成潜在的破坏。

无论领导者有何种过硬的职业背景和人脉，都不要忘记，在如今这个时代，个体力量再强也无法做成一件大事，必须依靠团队的力量。这个团队要在精神上和自己站在一起，单靠物质手段是远远不够的，因为只要有人开出比你更优厚的条件，你的团队就会在瞬间分崩离析。

从进化心理的角度看，人本能希望和他人在一起，与他人进行愉快的互动和交流。把这个理论代入到职场中，就是要培养三种“感觉”：

第一，安全感。

人们渴望群体的力量，最根本的出发点就是大家待在一起比独自一人更安全，而一个凝聚力强大的团队就要让员工能够对组织有所依赖，让他们知道组织不会轻易抛弃他们，领导不会不分青红皂白就开除他们，遇到困难会有人帮助协调和解决。当然，这种安全感是相互的，当一个员工得到团队其他人的帮助时，也会在对方有需求的时候施以援手，从而形成良性的反馈与循环。

想要给员工安全感，主要从两方面入手：一个是在工作上的帮助，另一个是在生活上的关心。工作上的帮助就是在员工需要资源和人力的时候，领导能够给予必要的帮助，哪怕受制于客观情况只能提供一点，对员工也是莫大的安慰，因为对方知道自己没有被团队抛弃。生活上的关心就是在员工生病或者遇到挫折时，至少给予口头上的鼓励和关心，不要让对方觉得自己成为团队的拖油瓶而产生焦虑感。只要做到这两点，大部分人都能在团队中产生安全感，也就有了归属感。

第二，认同感。

一个人行走在社会里，身上总会有各种标签，比如“高级知识分子”“老江湖”“大学毕业生”等，这些标签的背后往往关联着某种社会关系，比如知识分子可能有校友群，再比如老江湖有丰富的人脉等。同样在一个团队中，每个人也会被贴上不同的标签，有的人是“技术骨干”，有的人是“经验丰富的老向导”，有的人是“初出茅庐的新人”等，如果团队成员对这些称号予以认同，那么这个人在团队中就有存在感。

打个比方，团队接到一个大项目，领导开会，先是询问了一下有经验的老员工，让他们给新手讲讲如何高效地完成任务，然后领导者对新人予以鼓励和鞭策，让大家帮带着新人，再把任务中的难点交给技术骨干负责攻克，其他人全力配合。那么在这一轮环节中，每个人的身份都被领导提及，领导在排兵布阵的过程中发挥了重要作用，让大家认识到与自己合作的成员贴着哪些标签，也就让大家明白了各自在团队中的位置和作用：强者受到敬仰，新人受到照顾。这种对各自不同身份的认可就会让人有存在感和被尊重感，他们会从各自的实际情况出发去努力地完成目标。

第三，秩序感。

无论是大群体还是小团队，都需要在内部建立一种秩序，这个秩序既是为了避免一言堂，也是为了避免在发生冲突时无章可循。最重要的是，这种秩序感会强化团队的组织架构，让员工意识到这是一个真实存在的团队，这里面的人不会乱来，都要按照规矩办事。比如，团队几点开早会、几点开总结会、团建的时间和内容以及奖惩制度等，这些秩序一旦建立，员工就会真切地感受到它在积极有效地运行，否则就是一盘散沙，不会有任何归属感产生。

当然，想要在团队中建立秩序感，需要领导发挥主要作用，成为秩序的维护者，对违反秩序的人进行必要的惩罚，切忌区别对待，这样才能确定公平性，让每个团队成员都能自觉自愿地遵守并毫无怨言。

团队建立了归属感之后，每个人才能真实地感受到和组织在一起工作和生活的乐趣。他们不必担心会孤军奋战，也不必担心遭遇纠纷没有公正的裁决，这就像是一个有家长主持公道的大家庭，每个人既有亲情关系又有利益绑定，这种双重保险能让一个人长久地和团队黏合在一起，而“家长”就是领导者，把原本毫不相关的人紧密凝聚在一起，让他们成为彼此信赖的伙伴和战友。作为领导者，要学会与员工的需求共情，只要充分了解了人的天性，揣摩出对方的心思，借助人性化的管理和沟通方式，就能不间断地实现人与人的正向交互，让团队的力量愈发强大。

6. 别让一个人的负面情绪影响集体

在那些看似和谐的团队中，有时候却隐藏着不可见的负面因素，它未必是什么惊天大阴谋，大部分时间只是不良情绪，比如士气低落、消极工作、摸鱼成风等，它们传染的不是积极向上的正面情绪，而是一种对团队造成极大破坏性的分裂因素，如果领导者不能尽早察觉的话，等到它全面扩散之后就为时已晚了。

或许对某些领导者来说，最简单的办法就是把传染负面情绪的员工“隔离”掉，然而这只是一种简单粗暴的做法。人之所以为人，是因为有七情六欲，即便是一身正气的老员工，也难免有被传染甚至主动传染负面情绪的时候，所以简单的惩戒办法未必有效，反而会造成对方的逆反心理。作为领导者，应该用共情管理为手段，采取妥善温和的办法消除负面情绪，在团队内部树立正能量的工作氛围，这才是上策。

那么，常见的负面情绪有哪些呢？领导者又该如何帮助员工“治愈”呢？

第一，消极。

相信很多领导或多或少都听过这样的私下议论：“公司今年够呛了吧”“下个月是不是不能发工资了”等，这是一种针对企业或者团队的消极情绪，如果所说属实，那确实不该过分苛责员工，只能从源头上解决，让团队稳定住军心。而如果只是某个人的主观言论，那就是非常危险的，因为它会直接破坏大家对团队的信心，不利于工作的正常开展，尤其是像销售这一类的前端部门，消极情绪甚至可能真的葬送企业的前途。

领导察觉到消极情绪时也不要马上动怒，要先换位思考一下：为什么这种言论有市场？是不是最近一段时间团队的业绩真的下滑了，或者是员工的待遇下降了？如果存在这种情况，就有必要组织类似茶话会这样的活动让大家畅所欲言，尽量用闲聊的方式谈谈行业里、圈子里发生的事情，解开大家的心结，另外也可以通过组织一些能够点燃激情的团建活动激发成员的活性，或是通过一两次热闹的聚会凝聚人心，用正面情绪抵消负面情绪。不必非要用长篇大论作为回应，因为人更多时候依赖的是感性判断，当他们感觉到这个团队有活力、有激情、有温度的时候，自然就会对消极情绪有免疫功能。

第二，抱怨。

抱怨是所有负面情绪中“杀伤”范围最大的了，因为几乎每个人都会对工作环境或者工作内容存在种种不满，只是碍于客观因素不便发作，可如果有人率先开头，抱怨就会纷至沓来，像击鼓传花一样迅速传播。当然，抱怨也分为两种，一种是偶发性的，一种是常态化的。

偶发性是指在某个时间段内员工普遍承受着较大的工作压力，一旦有人发出抱怨就会得到响应。那么面对这种情况，领导者就要反思一下是否给予员工过重的心理压力了，不妨找一个关系最为密切的员工谈心，了解团队成员最近的工作状态，然后采取有针对性的办法解决问题，从根本上消除抱怨的土壤。

常态化是指团队中存在着某个“祥林嫂”一样的人物，他们会经常数落工作和生活上的各种不顺心，哪怕最近没什么压力也会形成习惯。对于这样的人，领导就必须单独与之沟通，尝试找出“病根”所在，比如是否有不和谐的家庭生活，是否在团队中受到了排挤，如果能排除客观因素，那就要督促该员工改变这种精神状态，如若三番五次依然不改，就只能真的采取“隔离”的下策了。

第三，冷漠。

冷漠是一种看起来危害性很小，实则破坏性极大的负面情绪。它可能是发端于某个人，但会在自私心态的作用下传染整个团队，让成员之间缺少信任感和关心度，体现在工作上互相不配合，生活上漠不关心，极大地破坏团队的凝聚力，严重时甚至会导致内部的四分五裂。

一般来说，如果发端于某个人，大概率是此人出于利益关系对同事使绊子，那么领导者就要出面化解，消除矛盾产生的根源。而如果没有实质性的矛盾，就要带头活跃团队的气氛，通过倡导团队合作来加强成员之间的联系。比如一项需要多岗位配合的工作，要尽可能地让更多的人参与进来，尤其是在A和B有矛盾时，加入一个活泼外向的C，往往就能弱化A和B的对立关系。同样，把朝气蓬勃的新员工放入到较为沉默的老员工团队中，也能在一定程度上活跃工作氛围。当气氛从冷淡逐步转变为热闹时，负面情绪也会渐渐消散。

第四，浮躁。

浮躁也是常见的负面情绪，主要体现为团队成员急于求成或者左右摇摆，急于完成某项工作或者不能安心地做好本职工作。如果某个团队成员带头传递了浮躁情绪，领导者就要以长辈或者前辈的身份好言安抚对方，让对方了解工作需要循序渐进，同时也要在沟通中尽量查找病根，比如对方是否因为急着赚钱才变得浮躁的，如果和物质利益有关，就看看是否能照顾对方一些，如果仅是出于主观上的情绪，就要控制团队的工作节奏，让激进的想法和行为放缓，让大家多脚踏实地一点，少好高骛远一些。除此之外，最简单的办法就是在团队中树立一个“稳重型”的榜样，让大家多向这样的人学习或者搭班工作，通过行事稳重的人中和浮躁情绪，也能产生立竿见影的效果。

第五，猜忌。

猜忌是最能破坏团队人际和谐的负面情绪，它往往发生在团队内部的“动荡时期”，比如人员调动、部门整合等，这时候总会有一些生性多疑或者是有意捣乱的人发出不当言论，引起团队成员之间的嫉恨仇视和拉帮结伙。当领导者察觉这种负面情绪后，要先判断是有人故意为之还是客观情况引发的猜忌，如果是前者，就要点对点地沟通并果断采取“隔离”措施；如果是后者，那就要站在员工的角度感受一下当前的工作氛围，是否真的容易让大家焦虑，如果答案是肯定的，那就尽量调和一下紧张的工作氛围，适当延缓工作节奏，给大家短暂放松的时间和空间。特别是当员工要处理的事情过于庞杂时，更容易被一地鸡毛的琐碎事务扰乱了情绪，从而引发猜忌和对立。这时作为领导者就要尽量帮员工减负、减压，减少不必要的额外工作，让员工的劳动尽量有规律，不要为了盲目追求业绩压迫他们的私人时间和空间。

职场上的负面情绪还有很多，以上只是列举出常见的几种，作为领导者，要想尽早发现负面情绪，整天躲在单人办公室里是不够的，要多走动，多和员工沟通，察觉到他们身上的变化。尤其是敏感的女员工，她们往往更容易捕捉到某个人或者团队释放出的负面情绪，那么通过她们去了解其他人的精神状态就容易很多。

当然更重要的是，领导者自己不能首先有负面情绪，因为这种情绪会变成一块滤镜，在面对团队时会主观地认为每个人都不正常，甚至把这种坏情绪传染给其他人。这种自上而下的情绪传递危害性更大，所以领导者首先要学会自我调节，做团队的中流砥柱，能够以正向的心态迎击扑面而来的负面情绪，这才有能力帮助整个团队祛除“心理病灶”。

7. 让员工认为你是“自己人”

美国社会心理学家约瑟夫·勒夫特和哈里·英厄姆共同提出了著名的“约哈里窗户”理论，将人的内心分为开放区、盲目区、隐秘区和未知区。如果把这个理论放到团队管理中，那就是当领导者想要和员工沟通时，最好从对方的开放区（他自己知道、你也知道的事）作为切入点，这样一来，彼此的了解就会增加，有助于快速拉近关系，了解对方的隐秘区（他知道而你不知道的事），从而了解对方的心理。

打开对方心门的关键，就是巧妙借助“自己人效应”。

“自己人”效应是指对方把你和他归于某一方面或者同一类型的人，这样你的观点和态度就容易被对方接受，因为对方已经在心理上接纳了你。可以说，“自己人效应”是共情的先决条件。

从认知心理学的角度看，大多数人都习惯以自我为中心思考，尤其是位高权重的领导者，他们不擅长甚至是不愿意去了解员工的喜好，表面上在和员工套近乎、拉家常，其实说的都是员工不爱听或者听不懂的话，话题总是围绕着自己了解的范围，这样的沟通模式和管理方法，如何让员工把领导者当成自己人呢？这样做只会产生隔阂，即便有共情也是虚假的。

一个叫麦克斯的美国人开车路过费城，中途汽车出了故障。麦克斯找了一家修车行，老板让麦克斯明天过来取车，但是麦克斯有急事，几番恳求后老板依然不为所动。这时麦克斯通过观察发现，老板身材保持得很好，而且站姿挺拔，就问他是否当过兵，老板马上讲了自己的从军经历，而麦克斯也是一个退伍军人，两个人越谈越投机，最后老板很快修好了汽车，还只收了一半的费用，说这是“战友的特价”。

对于领导者来说，如果能像麦克斯那样，从彼此的差异中找出共同点，那解决矛盾就是轻而易举的事情。从心理学的角度看，人们和自己喜欢的人或者相似的人在一起共事，心情是愉快的。如果一个团队普遍存在这种心态，就能大幅度增加凝聚力和战斗力。作为领导者，可以采用以下三种方法拉近和员工之间的距离，让他们认为你是“自己人”：

第一，偶尔的深入沟通。

寻找共同点，首先是沟通充分，如果是泛泛而谈，那得到的信息只能流于表面，无法提取出关键内容。很多领导者为了维系一种高高在上的所谓威严感，不愿意和员工深入沟通，更多的只是发号施令或者象征性地嘘寒问暖，这样就失去了了解员工的机会。因此，寻找时机和员工多聊工作以外的事情，了解他们的个人生活、兴趣爱好、同事关系等，总能从中找出共同点，以此切入就能迅速拉近彼此关系。比如员工喜欢看球，那就聊聊意甲、英超、世界杯；再比如员工有育儿方面的困扰，自己作为过来人可以传授一些小知识，同样可以拉近距离。

第二，适当的自我表达。

如果说深入沟通的重点是了解员工，那么适当的自我表达就是向员工展示自我。很多领导者为了对团队产生“震慑性”，喜欢让自己看起来神秘一些，虽然这有一定效果，但也在无形中和团队拉开了距离。因此，选择一个合适的场景，比如公司聚餐、团建活动或者年会，向员工讲讲自己的职场经历或者个人生活，会引起员工的兴趣，因为他们也有了解领导是一个什么样的人的需求，这就给了员工主动从你身上寻找共同点的机会。

第三，合理的情绪展现。

有人觉得领导者一定不能有情绪，应时刻保持一种严肃和庄重，其实这是一个误区。领导者的情绪管理主要体现在解决重大问题或者化解纠纷时，这时领导者的确要保持理性，但在无关紧要的时刻，领导者完全可以和员工一样，听一个笑话之后开怀大笑，甚至和员工一起探讨新闻八卦。只要合情合理，这些情绪展现都能让员工觉得你是一个有血有肉的人，而这正是人与人建立亲密关系的基础，虽然看起来没有核心的共同点，但这种平易近人也是能够缩短心里距离的。

和员工走近，不仅要掌握恰当的方法，也要注意保持基本的社交法则。

一个是不要过于主动。领导者不能为了了解员工而过分“热情”地套近乎，这样会给员工造成压力，也显得目的性太强。应该是自然而然地发生，比如在和员工聚餐时或者团建时，在符合常理的情景中畅所欲言，而不要人为地创造很别扭的环境，比如直接把员工叫到办公室谈心，这种场合并不适合情绪放松地沟通，员工只会对你有所警惕。

另一个是不要高估自己。当领导者了解员工和自己相似的共同点之后，比如都喜欢钓鱼，结果马上侃侃而谈，把自己当成专业大师，看似在聊彼此都感兴趣的事，却因为好为人师引起对方的反感，这样反而不利于增进感情。所以，领导者始终要保持平等、平和的沟通立场，才能易于让对方接受。

当上下级脱离工作并撇开层级关系以后，其实大家都是平等的普通人，都有喜怒哀乐的时候，所以人类的悲喜并非完全不能互通，关键在于你是否愿意了解以及是否掌握了正确的方法。作为领导者，在保持基本的身份和尺度之后，和员工多走动，显得“接地气”一点，只会让大家更信任你，也能促使整个团队构建更和谐的人际关系和良好的工作氛围。

第二章

CHAPTER 2

一切管理的精髓是共情

1. 管人的重点是管心情

人力资源管理是一门学科，不过很多领导者却过于看重其“科学性”而忽视了其中的“人文性”，把员工当成了有意识的机器人，生搬硬套一大堆理论，结果收效甚微。事实上，人虽然依靠理性爬上了食物链顶端，但很多时候左右人思想的依然是感性，这就是共情管理为何被重视的根本原因。

有着“中关村第一才女”之称的梁宁，曾经这样反思自己当年的创业教训：管人的能力很差，因为我只会一招——讲道理。用当下流行的话说，这就是低情商的表现。绝大多数人都不喜欢听道理，这是一种单纯的情绪上的反感，所以无论你的道理代表了多少人类之光，只要刚开头对方就听不下去了。

很多商界大佬白手起家时，有谁是靠着高工资、高福利留住团队的？大多数人靠的是人格魅力，是沟通能力，而这些都指向一个目标：人心。以马云创业时的“十八罗汉”为例，那时候工资低、环境差，外加整天加班，可有谁为此不干了呢？这都是因为马云有着出色的情绪管理能力——不仅会管理自己的情绪，还能管理他人的情绪，而这才是成为一个优秀领导者的必备要素。

有人说，对年轻人讲大道理是世界上最无用的努力。这话不假，其实人们不是讨厌讲道理本身，而是当领导者讲道理时，就会变得不接地气，甚至和员工格格不入，因为道理都是生硬的，它不会照顾人们的情绪，自然也就难以打动人。

一个人最大的成功是控制自己的情绪，而如果你是一个善于控制情绪的领导者，就能拥有控制人心的本事，这会极大提升团队的凝聚力和战斗力。换个角度看，如果你问一个老板喜欢什么样的员工，很多人都会表示喜欢“情绪稳定的”。既然如此，领导者就要努力让手下的每个人都成为情绪稳定型的员工。

情绪稳定的员工，即便能力差一点、资历浅薄一点，也有足够的上升空间，因为时间会传授经验，团队会协助成长，可如果情绪不稳定，就容易变得对小事敏感，被负面情绪干扰，进而影响到工作效率，甚至带坏整个团队的工作气氛。

管人就是管情绪，想要管好情绪就要先学会识别情绪。对领导者来说需要从两个方面切入。

第一，捕捉负面情绪的特征。

当某个人或者整个团队存在负面情绪时，往往会伴随着沉默、抱怨和推脱等信号。打个比方，领导发布一项任务，看似没人反对，却也没人积极响应，这就是一种消极的沉默；再比如，员工在做事时会找出各种借口，这代表他们存在着抱怨情绪。凡此种种，都预示着员工的情绪需要调节了，否则将直接影响工作成果。

第二，发现日常行为变化。

当负面情绪产生或者扩散时，会体现在个体或者团队的日常行为上，比如员工吃饭都不积极或者经常迟到，这些行为虽然不直接和领导发出的指令相关，但也能从侧面表达出一种消极态度，往往到这个时候就代表负面情绪影响至深，再不出手解决就可能危害更大。

那么，在发现负面情绪以后，领导者该如何进行有效的管理呢？可以采取三种方法：

第一，保持高效率的沟通。

高效率的沟通不是简单的提问和回答，而是及时的、双向的、真诚的沟通，这样才有助于领导者发现症结所在。首先，领导者要在发现负面情绪之后马上找员工交谈，不要等情绪酿成不良后果再谈。同时，领导者面对员工时要本着真诚的态度并让对方感受到。比如，团队马上要开会了，这时候领导找员工谈心，明显就是不想拿出过多的时间，员工如何愿意和你深入交流呢？另外需要注意的是，沟通要保持双向性，不要自说自话，不给员工开口的机会和条件。比如在有第三人在场的时候问员工的人际关系，员工怎么能没有顾虑呢？总之，积极主动地和员工保持联络，即便不能第一时间拿出解决方案，也能最快地了解事情的真相，起码做到心中有数，不会让事态恶化。

第二，通过换位思考调节员工的心态。

调节他人情绪的最佳武器就是换位思考，因为它会帮助人站在对方的角度感受负面情绪，从而根本性地找出解决办法。作为领导者，换位思考其实并不容易，因为很多人脱产多年，已经不了解一线工作的情况，容易想当然地看问题，这样的换位思考反而会起反作用。为了避免这种情况，领导者就要在平时多和员工走动并适当深入一线，知道员工处于何种工作环境，有了这种基本认识，换位思考的效果就会更好，而人性终归是相通的，位置调整了也就能理解对方了，这样开导起来也就更有针对性了，而员工也会因为领导的真心换位而尽力配合。

第三，借助有威望有影响力的员工带动正向情绪。

任何一个团队中总有一些“意见领袖”，他们往往不是身居高位的人，但在团队中很有话语权，人缘也不错，如果领导者能够和这些人建立良好的关系，那么当个体或者团队产生负面情绪时，通过他们进行调节，比领导亲自出马效果更好，毕竟他们之间在平时的互动更多，也没有身份和地位的忌讳。

管事和管人相比，后者的确更难，因为事情有规律，人却有情绪波动。但事都是人做的，管不好人，做事也无从谈起。对领导者来说，在日常管理中就要先培养一种良好的工作氛围，让员工感受到团队正在蓬勃发展，个人的职业前景会更加光明，而领导者也是一个可亲可敬的上级。若如此，当负面情绪扩散时就会产生一定的抵抗性，因为团队自带积极情绪，它就是提振士气和扭转心态的基础。

2. 下命令，先满足员工的基本需求

发号施令，在一些领导者看来是一件很“酷”的事情，这也的确是权力赋予的能力。可员工终究不是机器，不会对一个指令绝对服从，往往是上有政策下有对策，这时领导者看似掌握了决定权，但员工却在暗箱操作……为什么会发生这种不和谐的事情？并非是员工对命令的本能抵触，而是领导者没有从员工的角度出发，满足他们的基本需求。

员工按照指令做事，是为了养家糊口，但完成指令的方法不同。打个比方，领导让员工请客户吃饭联络感情，员工可以选择低档次的餐厅，然后拿高消费的账单，导致客户不满意。因此，要想避免员工在这方面打小算盘，就要根据实际情况提升员工的待遇，给予合理的分成比例，这样员工就不会带客户去低消费场所了，因为流失一个客户就意味着自己少赚一笔钱。

归根结底，当员工的个人需求得到满足后，他们才能在执行命令的时候不开小差，按照领导的原本意图去完成工作。

人从出生开始就有需求。比如婴儿会通过啼哭表达饮食或者排泄等方面的需求，作为父母就要尽量满足，确保婴儿不哭之后才能安下心——婴儿的需求得到满足了。同理，员工有需求也会表达出来，只是多数情况下不会直接和领导沟通，而是通过消极怠工或者旁敲侧击等方式委婉地表达，所以领导者千万不可坐等员工主动提出，要在员工有异常反应时就尽快判断，必要时主动询问，锁定员工的需求点。

需求是人的本能，很难通过思想教育去“克服”，所以领导者不要把需求当成是洪水猛兽，如果运用得当，满足员工的需求也能成为驱动员工高效工作的动力。现在有些企业总喊着招工难，无外乎就是薪资待遇、工作环境或者团队氛围出了问题，员工的基本需求得不到满足，自然不愿意全力以赴地为老板干活。

让员工“听话”地完成命令，和挽留人才的道理一样，关键要先留住他们的心，让他们认定执行命令不仅有利于企业，也无损于自己，这样员工才能做好长期留在企业的心理准备。通常，领导者应该从三个方面入手去满足员工的需求：

第一，为员工提供完善优越的福利待遇，满足他们的生存需求。

职场不是交朋友，是为了生存需求，如果天天只对员工画大饼却不舍得拿出真金白银，员工怎么可能一心一意为企业干活。一个员工进入企业后首先关心的就是自己一个月有多少收入，这是正常现象，而领导者要做的是针对不同的人才给予不同的待遇，既不能待遇高于贡献，也不能低于付出，这才是领导者以

"薪"换"心"的基本操作，这就等于满足了马斯洛所说的"生理需求"。当员工基本的温饱问题得以解决，他们才可能考虑未来的职业发展前景，才愿意接受企业文化的熏染，毕竟饿着肚子听交响乐是很痛苦的。

第二，为员工提供良好的工作环境。

这里所说的环境包括硬件环境和软件环境。

硬件环境指的是办公条件、办公设备等，它决定了员工是否能够高效地投入到工作中。有的公司一台老电脑送走了好几代员工，做设计做剪辑经常卡顿死机，这样的硬件环境如何让员工专心工作呢？他们只能偷偷给自己减少任务量和任务难度。除此之外，还有一些硬件关乎到员工的身心健康，比如企业食堂的卫生状况糟糕，或者附近没有或较少饭店，员工很可能会考虑换一个硬件更好的工作环境，因为他们的"安全需求"没有得到满足。

软件环境指的是工作的氛围，比如是否有充足的午睡时间，是否允许工作之外的员工活动，这些都是为了满足员工精神需求而存在的，也是体现企业文化是否从人文关怀出发的标准。打个比方，一家公司办公环境一流，但无论上班还是午休都严禁员工大声说话，每个人都像一台冰冷的机器，这样的环境只能让员工感受到压抑。因此，良好的软件环境是在满足员工的"社交需求"。

第三，为员工创造广阔的上升空间。

人有吃饭的需求，也有出名的需求，所谓的上升空间，并不单纯是指年薪增加多少，还包括一个人的能力是否在团队中得到了认可。其实很多人对赚多赚少并不执迷，却很在意自己在圈子中的名气和名声，这就是一种尊重需求和自我实现需求，也是马斯洛需求理论中最高的两个阶段。作为领导者，不必总是担心要给员工涨工资，其实适当给予他们精神上的荣誉感也一样能让他们满意，毕竟在解决了生理需求之后，人们更看重的还是精神世界的成就感。

以上三个需求是从企业的角度把理论具象化，依次提出了“五大需求”如何解决的方案。如果领导者能够把这些需求一一落实并做细做透，就能基本保证员工对企业和团队的忠诚度，在忠诚感的作用下，他们自然会不打折扣地执行领导下达的命令。

让员工顺从地执行命令，从本质上看是让他们与企业的价值观高度贴合，在心理上和领导站在一起，这些都和情感密切关联。打动员工的心，就要先满足他们的需求，这样员工才会认定企业与之是目标一致的利益共同体，才会在实践中和上级保持高度的一致。这是一种潜意识的反应，但形成这种反应靠的是平时对员工需求的分析与投入，这不仅是管理的学问，更是社交的法则。

3．驱动不是驱赶，让员工自主工作

在职场上，有很多领导抱怨手下的员工不合格，总认为别的老板才是最幸福的。企业和员工的关系如同水和船，想要出人头地的员工也离不开一个好企业作为平台，同样，企业想要走向卓越也离不开优秀且忠诚的员工支持。这是一个双向支撑的关系，并不能用来单向地要求某一方。之所以有一些领导者对自己招收的员工不满意，根源还是员工被他们驱赶着工作，缺乏主动性。

那么，如何才能让员工尽心尽责地投入到工作中呢？最关键的就是要从管理环节入手，让员工感受到被尊重和被需要的感觉，让他们能够看到在企业的未来发展前景，从而形成“我不是为企业工作而是为自己工作”的意识，有了这种积极的想法，员工才能不顾一切地工作。

人才管理永远是激活员工动能的关键，让员工主动工作，无外乎就是点燃员工的斗志，挖掘员工的潜能，让他们发挥各自的才能。曾经有不少人怀念50年代，认为那时候人们单纯淡薄，不看重名利，干工作都是发自内心的，很少有人在乎利益得失，而且人与人之间的关系也十分融洽。反观现在，虽然人们的整体文化素质大大提高了，但是具有奉献精神与合作意识的人却越来越少了。

这其实是一种思想误区，现实中之所以会有很多人缺乏工作的主动性，也是因为和企业、和管理者之间的关系出现了问题。对此，企业是否要进行某种反思呢？

首先，反思员工和领导之间的关系是否融洽。

试想一下，如果你整天和一个不喜欢的领导在一起共事，会有积极工作的动力吗？红花需要有绿叶扶持，如果领导者仅仅把员工当成是“雇员”“打工人”，那么彼此的关系就是一种冷漠的劳务关系，你可以随时开除员工，员工也可以随时炒掉你。所以，领导者必须要和员工建立一种上下级关系之外的人际关系，比如长辈与晚辈的关系，比如老师和学生的关系，甚至是学长和学弟的关系，总之要恰当地融入一些情感因素。

其次，反思员工是否享受工作环境和工作状态。

员工什么情况下愿意主动工作呢？要么在工作中获得快乐，要么因为工作而受到赏识，总之就是有“获得感”和“价值感”。如果领导者不能在员工出色完成任务或者是取得阶段性进展后给予某种奖励，就会让员工燃烧的热情犹如被泼了一盆冷水，自然就少了继续工作的动力，时间一长就变成了专职“摸鱼王”，因为他们知道干得好也不会得到表扬。

再次，反思员工是否受到了委屈。

当一个人心凉的时候，就是其进入消极状态的转折点，现在有些领导十分爱惜羽毛，自己犯了错不想染上污点，于是就把锅甩给了员工，更有甚者，在员工获得业绩之后抢到自己手中，这如何让员工愿意为企业效力呢？

最后，反思员工是否能看到发展前景。

如果工作对员工仅仅是用来养家糊口的，那么对他们来说上一天班赚一天钱就足够了。而在这种心态下，员工如何能主动工作呢？因为企业的未来和员工的未来并没有绑定在一起，他们的个人梦想无法和企业的长期愿景吻合。造成这种分歧的原因就是没有给员工展示才华的机会，让他们的热情被白白浪费，做什么都缺乏成就感。

让人主动去做某事，本质上还是让他们存在自发性的需求，而不是领到一个任务。只有让人在工作中享受正向的体验感，才能让他们不辞辛苦甚至不计报酬地工作。因此，领导者可以从两个方面入手，让员工成为自愿工作的人：

一方面，招纳善于独立思考的员工。

世界上有一些人是喜欢人云亦云的，他们的兴趣爱好往往是随大流的，一旦变换了风向，他们之前的“自愿”也就变成了“不情愿”，所以企业在招聘环节上就要建立标准，选择那些有自己想法的人，他们可能不是那么“听话”，但是他们懂得自己在做什么，只要为他们的工作赋予一个目标，比如“这能让你结识圈子里更多的名人”或者“这能缩短原本5年才能掌握的技能”，他们就会在衡量利弊之后立即行动。而懒得思考的员工依然是雷打不动，因为他们只能看到眼前。

另一方面，正确地引导和调校员工。

如果错过了招聘这个环节，那么剩下的办法就是对现有员工进行引导和调校了，简单说就是给他们谋划一张职业规划图，帮助他们树立目标。当然，因为这些人缺乏独立思考的能力，就要采用教练的方式慢慢开导，或者采用集中培训的方法，或者采用实战演练的方法，又或者给有潜力的员工“吃小灶”……总之，手把手教他们，这个过程虽然需要耗费一些时间，但只要不吝啬对员工的激励，敢于适当授权，让员工发现工作的乐趣和充实感，十个人中总会有六七个变得自愿自发地工作，这些人也会成长期为企业发展的中坚力量。

现实生活中，得到一个现成的优秀人才并不容易，大多数情况下，企业都要对员工进行调校，而调校的根本着力点，还是要学会站在员工的角度思考问题，让他们内心柔弱的一面得到关爱和照顾，他们就会以实际行动来回馈上级、回报企业，这就是俗话所说的“以心换心”。只有当领导者和员工真正共情时，才能得到一个非被动式的反馈结果，因为员工看到了自己的希望和未来。

4. 榜样力量胜过奖金诱惑

人们常说榜样的力量是无穷的。倒退几年，成功学火爆大街小巷的时候，人们之所以对其热捧，一方面是为了学习成功之道，另一方面是为了从这些榜样身上汲取力量。毕竟人的社会属性强于自然属性，在一个群体中想要出类拔萃，就得向知名度更高的人看齐。然而一些企业和领导者并没有发现榜样的作用，因为他们眼里只有钞票，也就会想当然地用钞票去激励员工，然而在实操中却发现效果并不理想。

如果用榜样作为激励手段，那么员工就会向榜样看齐，看到的是榜样身上的优秀品质，是榜样的行为使其获得了人们的尊重，而这些都会让一个人不再把目标聚焦在钱上，而是某种特质上。

某公司的工作秩序一直很差，员工迟到的现象十分普遍，领导三令五申也没有明显的效果，虽然很多人为此没有拿到全勤奖，但却有一位经常迟到的员工拿到了。这件事很快传遍了公司，大家都觉得不公平：为什么同样都是迟到却有人不受惩罚？后来，领导在一次例会上专门提到了这件事，领导表示有些人之所以迟到未被扣全勤奖，是因为经常半夜接受紧急任务加班，所以公司才开了绿灯。结果这件事极大地刺激了全体员工，大家倒不是眼馋迟到不被惩罚，而是羡慕这种被开绿灯的“特权”，于是也开始卖力地工作，不管客户什么时候打电话都拿出工作日的态度应对，当然也没有多少人为此享受“迟到”的特权，但是公司里你追我赶的气氛却上来了。

从案例中不难发现，无论是奖励还是惩罚，只要手段是围绕物质条件的，那么对一个人的激励或者惩戒都是有限的。但是，只要将注意力从钱转移到人的身上，员工的关注点也就发生了变化，这才有了正确引导他们的可能。

虽然不少企业也知道榜样的作用，但在打造榜样的具体环节上却犯了难，不知道该如何选择榜样，也不知道对榜样的推崇尺度，前者是因为榜样的定义很模糊，而后者是担心过于追捧榜样会遭到大家的嫉恨，反而事倍功半。

树立榜样的确是一个技术活，但也并不需要如此小心翼翼，因为只要企业和领导者能够客观评价一个人，不任人唯亲，那么推选出的榜样就会得到大多数人的认同，心态不正的人终究是极少数。那么，如何选择合适的榜样作为大家学习的对象呢？

其实，榜样的选择范围是很宽松的：那些懂得感恩的员工可以是榜样，因为他们忠诚有良知，这样的人通常也不会被团队成员嫉恨；那些任劳任怨的员工可以是榜样，因为他们不会推卸责任，给团队拖后腿，一般也不会被人讨厌；那些意志坚强的人可以是榜样，因为他们的人格魅力可以鼓舞整个团队，也会得到大部分人的尊重。

从这个角度看，选择榜样未必非要和业绩挂钩，因为这就又回到了老问题上——向钱看齐。企业树立榜样就是为了避免用物质手段去刺激员工，而如果树立一个“当月销售百万”的榜样，某种程度上还是用物质刺激员工。所以，榜样的选择标准仍然要聚焦在某个独特突出的人格特质上，让其他员工向这些优点看齐，而不是向既得利益看齐，这样才能从根本上带动大家学习榜样的劲头。

虽然选择榜样的范围很大，但榜样身上同样也有一些固定的标准，如果不按照这个标准进一步筛选，那么榜样很容易“人设崩塌”，不仅不能起到激励员工的作用，反而会成为企业和领导者的决策失误和笑柄。选择榜样要至少符合四个条件：

第一，榜样要以身作则，不能昙花一现。

如果一个人仅仅是在某一次或者某一件事上做得突出，那么并不适合成为榜样，因为大家对榜样的预期是高于普通人的。如果榜样不能持续体现其突出之处，就会缺乏足够的说服力。所以，选择榜样要找“持久股”而非“爆发股”。

第二，榜样要善于引路，不能与外界隔绝。

有些人虽然有一技之长，但缺乏足够的人格魅力，很难用自身的优秀特质去感染他人，甚至存在着某些人格上的缺陷，比如不能在关键时刻发挥榜样的作用，不善于带动大家，那么这样的人虽然被大家承认，却缺乏榜样价值，人们只会把将其视作摆设。

第三，榜样要勇于担当，不能遇事不决。

榜样是团队里的核心，他们不能只具有一些闪光点，还要有一种凝聚力，这种力量是在企业承受变故时所需要的凝聚力，是大部分人手足无措后看向的第一个人。哪怕这个榜样不能在第一时间想出解决方案，但只要他敢说出“有我呢”这样的豪言壮语，就能将榜样的魅力发挥到最大。

第四，榜样要尊重他人，不要尝试改变集体。

有些榜样的确出类拔萃，但他们也喜欢“复制”自我，以自己喜欢的标准去要求他人，这对于企业来说当然是好事，等于优秀者在复制更多的优秀者。但对员工而言，这是一种很不讨好的方式，一方面会给大家带来压力，另一方面会降低大家对榜样的好感度和接受度，毕竟人和人之间存在客观上的差异，榜样的存在是意向性地激励大家好好干，而不是“都学我”，这只能抹杀员工不同的个性，榜样也就变成了人才复刻的“模具”。

思想为根，精神为本，企业如何正确“使用”榜样，决定了企业的格局和未来出路。因为榜样在引导员工朝着一个方向成长，也决定了员工是否能和企业高度融为一体，所以榜样不是偶像，他们不需要能让员工热血沸腾，但必须让员工找到目标。清晰的目标才是强大的指引力，也是凝聚团队的向心力，它能决定企业在遭遇危机时人心是否汇集在一处，而他们汇集的焦点就是被认可的榜样。

5. 最好的“画大饼”是建立预期

“望梅止渴”恐怕是管理学上的经典案例之一了，用一个似有若无的目标激励员工克服眼前的困难，这真是领导力最极致的体现。然而，一些企业却胡乱使用“望梅止渴”，不仅没有让员工看到未来的希望，反而对企业和领导者失望透顶。

造成这一现象的原因就是把“望梅止渴”误认为是“画大饼”。

“望梅止渴”是一个客观上存在可能的许诺，而“画大饼”则是用纯粹虚假的目标满足员工的需求，二者看似相同，实则存在细微的差别。事实上，员工内心渴望鼓励，也未必需要真的看到眼前有梅子，但这个梅子一定能够在可实现的范围内，这才叫合理的预期。

望梅止渴，本质上是企业的预期管理，它依靠的并不是简单的许诺，而是企业努力让员工的行为可预期、结果可预期、未来可预期，在此基础上，获得员工的承诺并帮助员工履行承诺，这样才能真正起到“止渴”的作用。

预期管理也包含着承诺管理，这是一度被热炒的管理概念。不过，很多企业在落地时自相矛盾：一边宣扬承诺管理和伙伴关系，一边又按照传统的绩效管理驱使员工，结果自然不够理想。无论是承诺还是预期，都要围绕一个核心：让员工去做受到奖励的事情。

为什么员工普遍厌恶“画大饼”，因为一般的“画大饼”没有实现一个正向的内循环，而预期管理是要沿着一定逻辑进行的：首先给予员工承诺，然后换取员工的承诺，接着帮助员工履行承诺，最后是兑现承诺。

给予员工承诺，就是准确描述有关目标和任务的全部信息，然后让员工清晰地知道完成这些后的奖励；换取员工的承诺，就是让员工同样清晰地预估自己完成目标和任务的时间、投入资源以及风险等；帮助员工履行承诺，就是在员工跟进任务时征求他们的意见并解决员工对完成目标的担忧；兑现承诺，是实现预期管理的重要一环，是对员工完成或者未完成目标进行合理的奖励或者惩罚。

打个比方，企业打算让员工在月底完成300万的任务，于是承诺完成目标后员工能得到10%的提成，如果实现不了要扣除年终奖，员工应允后表示可以在月底前完成。在接触客户的过程中，企业帮助员工铺路搭桥，最后员工都按时完成了任务，企业也要在结账后按承诺分给员工10%的提成。

而单纯的“画大饼”是缺乏循环机制的，往往就是随意给出一个承诺，然后催促员工完成，最后不了了之。这样的预期管理，如何让员工有执行下去的动力和信心呢？

能够管理的预期才是好预期，能够入口的大饼才是真大饼。

道理是朴素的，但执行起来就需要企业严格遵循守则，其落脚点就是站在员工的角度思考问题：如果你被老板承诺做成某件事能够获得某种奖励，内心是不是波涛汹涌、浑身上下充满斗志呢？这种激动和斗志，其实都关联着员工的情感，所以企业必须尊重这种情感，让员工在完成目标后获得他们应得的奖励，否则就是用冷水浇灭了他们心中的热火，等到下一次承诺时只能得到冷冰冰的回应，因为员工的心已经凉透了。同样，承诺一定要在企业和领导者的兑现能力范围内，不能用100万的提成奖励10万的任务，这样员工从一开始就意识到自己在被戏耍，这代表着企业和领导者对自己的不尊重，同样会深深地伤害到他们的感情。

在《如何使员工热爱公司》一书中提到这样一个观点：如今极少有企业给予员工终身不变的职位，这本来就让员工缺乏安全感，所以企业应当给予员工承诺，保证他们“受聘用的能力”得到提升，也就是给员工展示才华的机会，让他们历练出强大的职业竞争力，提升从业安全感。

苹果公司正是贯彻了这一理念，对员工开门见山地表示：苹果无法承诺给员工提供终身工作，哪怕是5年也不能，但公司可以承诺员工在公司工作期间，会不断接受挑战，从而拥有学习和进步的机会，而这段职业生涯就能让员工具有较高的市场价值和竞争力。

预期管理并不局限于员工完成某件事之后获得的奖励，有的企业总是把重点放在物质刺激上，结果因为这样或那样的问题无法兑现，很轻易就伤害了员工的感情。与其如此，不如将员工的注意力转移到如何提升自我这个预期上，这对员工而言同样是有价值和有吸引力的。

企业的成长离不开员工的成长，而员工的成长正是在一次次的预期中实现的，从完成第一笔订单、第一个任务开始，从实现第一次升职、第一阶段的成长而加速，预期不是用一个目标束缚员工的行为，而是让他们可以自由选择实现目标的过程，这才是赋予员工真正的自由，而这种自由就是他们成就自我、成就企业的蜕变之旅。

6. 软威胁不是心理暗示

在很多企业的内部培训课上，“心理暗示”似乎成为了管理员工的有效手段之一。不过，有人却误解了这个词汇，把软威胁也当成了心理暗示的手段，对员工进行一种精神上的压迫和折磨。

一位95后女员工进入一家公司，发现老板在聚餐时告诉大家：员工必须喝酒，这样才能够签下更多订单。为此，公司每到聚餐都对不愿喝酒的员工进行各种软威胁，甚至是以职业生涯为筹码胁迫大家喝酒，最后女员工思考再三决定离职，因为在她看来，如果只有靠喝酒才能拉来客户，这样的公司也没有发展前景。

在这个案例中，女员工在被公司要求喝酒的同时遭受了软威胁，致使女员工身心受到了伤害，这就是典型的通过权力来压榨员工的行为。事实证明，即便女员工没有采取如此直接的反抗行为，就算是硬着头皮喝酒，也不会取得多好的效果，因为她从内心就是抗拒这种行为的，对喝酒的妥协所产生的负面情绪一定会发泄到其他方面，反而更不利于做好工作。

1918年，美国著名心理学家罗森塔尔做了一项实验：他在一所小学从一至六年级中各选出三个班的学生，然后假装对他们进行科学的测试，最后提供给教师一份“优异发展可能”的名单，告诉教师名单上的学生都有光明的未来。结果在8个月以后，名单上的学生成绩普遍提高，老师也对他们的印象优于其他人。后来，心理学家把这种通过教师对学生心理潜移默化的影响称为“罗森塔尔效应”，充分体现出积极心理暗示的作用。

从心理学的专业知识分析，一个人的判断和决策都是由人格中的“自我”在分析个体需要和环境限制后综合得出的结论，也就是我们常说的“主见”。通常来说，“自我”比较发达的人是有主见的人，不过世界上并不存在完美的自我，这就需要来自别人的心理暗示，它可以是积极的，也可以是消极的，一般都是人们自己喜欢的、敬重的和信任的人最容易产生影响，作为“自我”缺陷的一种补偿。

站在企业的立场，对员工进行积极的心理暗示是符合其利益的。而软威胁则是一种消极的心理暗示，虽然从表面上看它并非是让员工朝着坏的方向发展，但手段是强迫性的，自然就会让员工产生逆反心理，在这种负面情绪的作用下，他们会本能地认为自己被强迫做的事是令人生厌的，因此结果就走向了消极。

相信不少领导者都有这种经验：当某位员工遭到批评后，工作效率很少有提高的，反而会明显下降，甚至会长期陷入消极的状态中；而如果这位员工受到的是表扬和激励，工作热情也会高涨，这就是罗森塔尔效应发挥了作用。然而，还有更多的企业和领导者并没有意识到消极心理暗示的存在，他们把软威胁当成是企业对员工的“鞭策”，通常有以下三种现象：

第一，让员工阿谀逢迎。

某些领导者喜欢让下属在公共场合给足自己面子，从而树立起一个完美的形象，维护其权威性。换言之就是领导说错了话、办错了事，员工不能表达出来，否则就会失去领导的信任，也就断送了职业前途。事实上，这就是一种典型的软威胁，它以员工的未来为筹码，迫使员工阿谀逢迎，时间长了，员工只能默默忍受领导在错误的道路上越走越远，而自己的正确主张却得不到认同与执行，造成的心理落差会让其丧失对企业和领导的信任与期待。

第二，让员工遵守不合理的规定。

如今的确有一些企业有着奇葩的规定，比如业绩目标未完成就要互扇耳光、学狗叫甚至着异装等，没有正常人愿意接受这些奇葩的规定，但企业却通过强行洗脑和软威胁的办法逼迫员工接受，如果员工反对自然就很难保住饭碗。这些看似“激励”的手段真的能调动员工的工作积极性吗？显然是不可能的。它最多是让员工逐渐丢掉了应有的尊严，变成厚脸皮，做业务时不惜一切代价、不择手段地完成目标，催生出畸形的企业文化。

第三，让员工频繁加班。

加班本身是职场上的正常现象，可如果一个企业频繁加班往往意味着出了问题，很可能是走向了一种畸形的“加班文化”中，即总觉得员工在8小时工作时间内完不成既定的任务量，必须拿出个人休息时间补足。一旦这种现象长期保持，就会在客观上蹂躏员工的心灵，哪怕给予一定的加班费，但员工未必愿意用金钱换取宝贵的休息时间。而如果连加班费都舍不得出，就更是一种赤裸裸的软威胁，会让员工对工作产生生理上的不适，越来越厌恶上班，直接破坏他们力争上游的动力。

总之，当企业不能从员工内心的感受考虑问题时，制定的规章制度就很可能变成软威胁，而在企业看来却是积极的心理暗示。事实上，只要多和员工沟通，多观察员工的一举一动，就很容易发现这种“心理暗示”会带来哪些恶果。

松下幸之助有着“经营之神”的美誉，他对员工从来都是采用积极的心理暗示，并为此发明了“电话管理术”：只要有空，松下幸之助就会给下属打电话，不会生硬地督促员工做某件事，而是询问他们的生活近况，然后让他们“好好加油”，所有接到电话的员工都感觉自己被总裁信任和看重，马上就点燃了工作的热情，最后都能成长为独当一面的精英骨干。

积极的心理暗示，总是能够让员工放松紧张的心情，而不是让员工在神经紧绷的状态中完成某项工作，因为这只能增强员工对工作的恐惧。同时，心理暗示代表的是企业和领导对员工的关心和期望，是一种带着温度感的鼓励和鞭策。如果只有冷冰冰的KPI和伪装成期待的强权压制，员工只会和企业、领导者在情感上越来越疏远，在认识上越来越分化，因为他们的心灵正在遭受着伤害。

7. 领导也要适度“卖惨”

民间常说“会哭的孩子有奶吃”，这句话放在职场上同样有效：一个只知道闷头干活的员工和一个时不时卖惨的员工，如果二人能力相当，领导大概率会照顾后者，因为闷头干活的员工好说话，承受能力强，而卖惨的员工多少要给点糖吃。于是，真有不少老油条用这种办法“套路”领导，结果就是那些老老实实的员工得不到什么实惠。

虽然卖惨、哭穷不算光明正大的手段，但效果管用就是好方法，因为人天性怕麻烦，在不需要投入超过底线的成本时，都会抱着多一事不如少一事的态度免去麻烦，而这种心理是广泛存在的，即领导偶尔卖惨也会得到员工的同情。

或许有些领导者感到不屑：堂堂的领导为何要向员工卖惨呢？难道不应该是一如既往地保持威严吗？这就是直线思维了。

卖惨和保持威严并不矛盾，而且某些时候卖惨的效果更好。

人心都是肉长的，共情管理并不是只要求领导去体谅员工，也可以反过来让员工体谅领导，这样才有更多的回旋余地。而且，偶尔卖惨也能体现出领导的真实感，让员工认为他们也是有血有肉的人，也需要团队的支持，反而更容易团结在领导周围。如果领导遇到什么问题都死撑保面子，员工也会理所当然地认为你是可以自己解决问题的，完全没必要去同情你。

当然，领导卖惨需要掌握一定尺度，不能丢掉起码的尊严。一方面要缓解和员工的矛盾，另一方面要让员工体谅到身为管理者的不易，如果经常性地使用，那就是真的破坏了作为领导者的尊严。通常有以下五种卖惨方法，领导者可根据实际情况适当使用：

第一，无奈地顺从员工。

当领导发布的命令不能按照计划完成时，或者是员工坚定地反对领导的指示时，在不影响结果的前提下，领导就可以装出一副无可奈何、“我被你说服了”的样子，以一种看似有点妥协的姿态顺从了员工，表面上是在让步，其实是以退为进，因为当领导顺着员工的意见时，等于将更多的责任放在了员工身上，这样任务完成了，是领导谦虚地听取了意见，而如果任务失败，也是领导基于对员工的信任造成的，将风险与自己隔离，还不会招致员工的抱怨。

第二，绝境中给予承诺。

“画大饼”的确容易招致员工的反感，但如果在领导被逼到了绝路上、在企业面临生死抉择的时刻，“画大饼”就变成了一种绝境中的“豁出去了”，往往有着激励人心的作用。比如公司发不出工资给员工又需要员工继续干活，这时领导不妨用“只要做完这个项目，我用自己的钱给你们发奖金”之类的话激励员工，员工的心也是肉长的，也知道真拿了领导的钱于心不忍，而领导这番话又是在被逼无奈下说出的，是管理者在退无可退时的无奈承诺，大多数人还是能帮助领导渡过这个难关的。不过有一点要记住，领导必须在事情达成后履行自己对员工的承诺。

第三，真诚地委以重任。

我们都熟悉“临终托孤”和“托妻献子”的故事，这个招数同样可以作为卖惨的手段。举个例子，公司人员紧张，一个人干两个人的活儿，有员工承受不了压力想要退出，临时招募人手还来不及，这时领导就可以对员工说：“我知道你现在很难，我也一点办法都没有了，所以这个项目我彻底交给你，因为我相信你能在这关键时刻帮我一把。”这样一来，既放权给了员工，又体现出领导的难处，相信没有哪个员工愿意辜负这种信任，自然会义无反顾地分担责任。

第四，羞愧难当地“哭穷”。

哭穷是卖惨的细化招数，作为领导也可以在别无他法时用上几次。不过哭穷和画大饼不同，它是在无法许下承诺的前提下对员工的一种告知，所以这个告知要融入充分的感情，核心就是让员工知道领导有多么不容易。使用这个招数时，领导要多讲自己身上的难处，比如无法反驳上级的要求，又比如拖累自己的家庭等，通过打感情牌的方法让员工产生“原来领导混得还不如我”的错觉，从而获得一定程度上的心理安慰，短时间内不再计较利害得失。

第五，痛说“光辉的过去”。

这种卖惨方法不是直接说“我如何如何难”，而是用过去对比现在。打个比方，某员工不满足公司现在给予的待遇，在做好跳槽的准备后跟领导摊牌，此时如果领导拒绝，员工就会炒掉公司，那么最好的方法就是避开正面，和员工谈论过去：“一晃咱们都共事七八年了，你刚入职的时候真是特别能吃苦，脑子里想的都是怎么完成指标，我给你多难的任务你都能完成。现在我可比过去难多了，你是不是也变了？”这就是用员工的过去来激励员工，侧面地展示出领导者的不易。

归根结底，卖惨不是管理团队的常规打法，它只适用于领导者被客观条件限制的情况时使用。当然，如果把卖惨的尺度缩小一点，变成一种领导者对员工的偶尔“示难”，目的就是让员工知道位居高位是高处不胜寒，让他们遇到冲突时不由自主地想起领导身上的“惨”，弱化锐气，强化共鸣，让团队的运行变得更加和谐稳定。

第三章

CHAPTER 3

有共情才有深入灵魂的交流

1. 沟通需要频率相同

前些年，“频率”是一个非常流行的词汇，然而它所指代的并非是物理学意义上的频率，而是人际交往上的频率，甚至被直白地解释为“共振”。简言之，用和对方相同的频率进行沟通，就像可以产生共振的两个物件一样，达到心理层面的共鸣。

其实，我们不必去探寻“频率”理论到底有没有科学根据，因为它在人际沟通上很好理解，就是网络上常用的“跨服聊天”：你聊东，对方聊西，这样的沟通自然不会有任何好结果。看两个小故事就知道了：

有一个苏格兰人打算去伦敦旅行，顺便看望一位多年未见的好友，然而他忘记了好友的家庭地址，就给父亲写了一封电报：“您知道托马的住址吗？”很快他收到父亲的加急回电：“知道。”

一个女孩子暗恋班上一位帅气的男生，趁着一天课间，女孩终于鼓足勇气给男生写了一张字条："我注意你很久了。"没想到下课时，男孩给女孩回了一张字条："请你别告诉老师，我以后上课不敢睡觉了！"

上面这两个故事讲述了不在同一频率沟通会是何种糟糕的结果。沟通的目的性越强，沟通的内容越重要，就越需要保持相同的频率，这样才能确保尽快得出一个预期的沟通结果。

职场上，沟通是维系日常运行的关键，也是领导对下属交代任务的桥梁。也许有些领导者认为自己不用去适应员工的频率，而应该让员工和自己保持相同的节奏。事实上，一些员工并非有意为难领导，而是对自己和对方的频率缺乏正确的判断，认为自己说的就是领导理解的，反之亦然。因此领导完全有必要主动和员工保持相同的沟通频率，以确保工作目标的顺利完成。

保持相同的频率，追求的是彼此的默契程度达到最高值，因为只有处于这种状态才有利于信息的交互，它的核心技巧是让沟通的双方处于相同的认知维度。

心理学上有一个名词叫做"图式"，指的是人脑中已有的知识经验的网络，也指人类加工信息的模式。图式决定着人们在信息选择时的倾向和偏好。通常图式接近的人更容易沟通，比如，领导和员工看到楼下的奶茶店出兑了，两个人同时想到可以租下来做点生意，这就是图式接近；而如果一个想到了做生意，另一个说以后喝不上奶茶了，这就是图式相差较大。图式一旦形成，就会有相当的稳定性，伴随着人的一生。

既然图式越接近的人在沟通中的融洽度越高，这就是一种典型的认知共情，那么领导就要学会接近员工的图式，这样才能方便传递自己的观点。最简单的办法就是在沟通中偶尔“模仿”员工，提高沟通效率。比如对方喜欢用比喻来阐述抽象的事物，领导就可以采用这种表达方式与其对话；再比如对方喜欢用图表作为项目的注解，那领导也可以引用这种方法作辅助说明……这些都是尝试用对方的图式实现高效沟通的手段。

高效沟通，永远离不开两个必要条件：一个是对方必须明确了解你要传递的信息，另一个是在沟通中随时观察对方的反应，如果频率不同就要及时修正信息，避免产生误会。想要确保两个条件不被破坏，领导者可以从四个方面入手：

第一，明确沟通的核心内容。

两个人保持相同的频率并不容易，所以最好的办法就是先敲定一个主题，把双方的“频率波动”圈定在一个大致的范围内，不至于跑题，也就不会产生理解偏差。所以，领导切忌用云遮雾绕的表达方式给员工下命令，要措辞简练，重点突出，比如“某天某月客户想要一个和我们做过的某项目类似的产品策划”，简单直接，存在对比，员工和领导也能就事论事，频率进一步接近。

第二，针对不同的人选择不同的频率。

有的领导只擅长和某一类型的员工沟通，并能掌握他们的沟通频率，结果就将这种频率习惯性地套用在所有人身上，起到了反作用。事实上，每个人的沟通频率都不一样，有的人生来喜欢草蛇灰线，那领导也不宜把话挑明，这样会给对方造成不适感，破坏沟通的气氛。同样有的人喜欢用工科思维分析问题，那领导在举例说明的时候就要数字化、量化，切忌抽象表达。总之，领导要在沟通前简要分析一下该员工的图式，不要妄想一招鲜吃遍天。

第三，适当地通过倾听深入了解对方。

如果领导者不确定员工的认知思维和表达习惯，不妨先别急着表达，多听听员工的想法。对方说得越多，你掌握的信息就越多，那么员工的图式轮廓就会逐渐清晰，因为员工往往都是在缺乏预期的情况下接受任务的，可能存在表达不准确、急躁杂乱等问题，因此领导更要给予对方理性思路的时间，不要急着输出信息，而是多倾听多思考，减少误解。

第四，掌握正确的沟通措辞。

沟通的成败往往在于细节，细节就是你的遣词造句。记住，没有哪一套话术适用于所有沟通情景，每次沟通都要根据对方的变化选择不同的语言——文字语言和肢体语言都包含在内。比如，有些员工文化水平不高，领导就要用直白的语言与之交流，有些员工专业能力较差，领导就多用非专业的通俗词汇。另外在沟通中要避免打官腔，比如“嗯”“其实”“那么”等，这会让员工感到烦躁，甚至认为这些话没那么重要。总之，合适的语言就是保持同频率的助推器。

虽然我们提倡领导和员工保持相同的频率进行沟通，但不可否认的是，每个人都是独一无二的，两个人很难真正保持高相似度的频率，所以最现实的做法是多倾听、多确认和多适应，这样就能最大程度减少误差。当然更重要的是，领导者要学会放低姿态，多了解自己的下属，而不是让下属无条件地适应自己，因为这是缺乏共情的表现，只能让上下级关系越发疏远。

2. 求同存异是沟通的切入点

人是社会性动物，哪怕是漂流到孤岛上的鲁滨逊也需要“星期五”陪伴自己。对一个企业来说，从管理层到执行层，每个位置都十分重要。领导负责通观全局，员工负责冲锋陷阵，虽然领导掌握着指挥权，但并不意味着能够对员工随意喝令。上下级产生分歧时，领导既要保持耐心说服对方，也要学会搁置分歧点，把沟通深入下去，把命令传递下去，这样才能确保在维系上下级关系的同时完成工作目标。

那么，领导和员工的争议怎么处埋呢？要知道说服一个人并不容易，特别是涉及世界观和方法论这些根本的问题时，尤其如此。其实，对于不同的观点，领导完全可以采取保留的态度，用求同存异的沟通策略去解决分歧，这才是高情商的沟通之道。

唐代的《封氏闻见记》中记载了这样一个故事：检校刑部郎

中程皓，从来不参与讨论别人短处的话题，而且还对别人说："这都是大家乱说的，其实不是这样。"为了避免争议，程皓会一再强调被议论者的长处，将他们美好的一面展示给别人。像程皓这样的人就是掌握了足够的沟通技巧，因为他懂得求同存异，不去完全否定众人的评价，这是"存异"，然后多讲被议论者的优点让大家刷新认识，这是"求同"。

音乐奇才黄家驹，成名前有过一段曲折的人生，他曾经为了生计去保险公司做销售，结果表现出强大的沟通能力，业绩在同事中总能遥遥领先。于是，不少同事向黄家驹打听他的成功之道。黄家驹说，他向客户推销时总是先听客户说什么，站在客户的角度思考，然后再表达自己的看法，简单说就是求同存异。比如有的客户会说："我对保险不感兴趣！"黄家驹就会接着客户的话说："您说得有道理，谁会对关于生、老、病、死这类躲都躲不及的事情有兴趣呢？我也没兴趣。"客户听到这里就会好奇地反问："既然你没兴趣，为什么要做这一行呢？"这时黄家驹抓住机会解释道："虽然咱们都对保险不感兴趣，但是生活中很多的事情我们无法预料……"说着说着就把客户的心说活了。

黄家驹认为，如果自己一开始就不同意顾客的观点，那么客户只会对他反感，必定不会给他继续说下去的机会，所以他每次都是先赞同对方的观点，然后找机会推销产品。黄家驹的沟通之道，是心平气和地与客户在相同的认知维度上，像朋友之间闲聊那样交换不同的看法，说着说着就找到了契合点，一下子就提高了客户对他的信任度和好感度，打破了之前存在的障碍。

人和人因为性格、成长环境、社会教育等方面的不同，在工作中对同一个问题自然会产生不同的看法。特别是领导和员工本身的站位就不一样，也许是员工格局小了，也可能是领导脱离实际了，所以领导不要想当然地认为真理站在自己这边，强行让员工认同自己的观点，这不过是借着权力压迫对方罢了，并非真正的说服。要想在求同存异的基础上沟通，需要通过三种手段去历练：

第一，在日常沟通中积累经验。

如果一个领导整天把自己锁在办公室里，远离一线，远离员工，自然很难了解每个人的脾气秉性，这就难免在沟通中处处碰到障碍。事实上，有些障碍并非真的存在，可能是员工的说话方式比较直接或者脾气使然，所以只有真正了解他们，才能首先排除彼此是否真的“存异”。打个比方，有的员工心直口快，接到任务后会本能地表示“这个有难度啊”，不过是随口一说，却被领导误认为是在变向提要求或者拒绝。所以多了解对方再下结论，就能让很多看似分歧的点不复存在。

第二，在沟通中试探对方的真实想法。

如果领导面对的员工并不熟悉，平时接触较少，那么在下结论之前不妨试探性地了解对方的真实想法，分析一下所谓的“存异”能否解决。比如，某员工提出手头的任务在规定时间内完成不了，必须要延后三天，而这对客户是无法交代的。作为领导，不要急着驳回员工的申请，而是向对方了解一下延后的原因，也许聊着聊着就会发现并非是任务量太大，而是员工把工作都揽在了自己身上，没有向他人求助，因为这是一个不愿给别人添麻烦的人，那么领导就可以马上调动其他人手过来帮忙。

第三，试着复盘自己的观点。

有些时候，我们以为是对方错了，其实是自己不对，这是大多数人都容易犯的错误，更不要说位居员工之上的领导了。一个领导者想要有作为，就要时不时地复盘自己的观点，看看是否存在漏洞，是否存在着异想天开，毕竟如果是关于一线的问题，员工其实最有发言权，与其想着说服对方，不如先说服自己，这才是站在员工视角上的认知共情，也能帮助领导者提升认知能力和管理水平。

人和人有分歧再正常不过，无论你的观点是对是错，对方接受起来都需要时间。身为领导者既要保持开导下属的耐心和脾气，也不能缺乏反省自我的气量，更要在发生正面冲突时不破坏和员工的感情，以尊重为前提，以理解为基础，才能完成一次高效率的沟通。

3. 情绪沟通胜过内容沟通

上下级之间的沟通，有时候未能达到预期，未必是交流本身存在问题，而是沟通氛围不够，好话变成了坏话，坏话变成了矛盾的导火索。那么问题来了，沟通氛围到底是什么呢？其实就是语言之外的沟通，主要体现在情绪交流上。

以大家熟知的经典“男生送命题”为例：“我跟你妈掉进水里，你先救哪个？”其实这句话真的是想要一个确切的答案吗？当然不是，而是对方想要通过这个问题知道你有多么在乎她。因此，遇到这类问题，与其理智地回答，不如抱紧对方说：“不管怎样，我永远和你在一起。”

如果把沟通看成是一座桥梁，那么桥梁两边的风景就是情绪沟通，你踏上这座桥感到的是惊喜、陶醉还是恐惧，很大程度上取决于周围的风景，也就是彼此交流时双方的情绪值高不高，这种由情绪构成的氛围往往能够决定沟通的最终结果。

有些领导者认知共情能力很强，但情感共情能力较弱，所以在面对员工时喜欢用慷慨激昂的论调去说服对方，却从未想过如果触动对方的情绪，因为在他们看来，只要把话说明白了，意思点到了，剩下的就全靠下属自己理解了：理解好了皆大欢喜，理解不好自己也没有责任。这是一种很危险的想法，很多时候只能事与愿违。

美国作家马克·吐温的一位朋友曾经拿着自己的作品向他请教，并十分认真地告诉马克·吐温："有什么意见尽管提。"结果，马克·吐温看完之后也一本正经地对朋友说："还是让我们继续保持友谊吧！"马克·吐温的表达十分艺术，没有直接评价朋友的作品如何，而是将话题放在了彼此的关系上。虽然从侧面证明了该作品确实不够水准，但是沟通的重点放在"我们"和"友谊"上，走的就是情绪沟通的路线，因此沟通的氛围就相对和谐很多。

想想和我们交谈过的人，由于性格不同，和他们交流时会产生不同的感觉：和有的人聊天如坐针毡，巴不得赶紧结束；和有的人聊天却觉得时间过得飞快，意犹未尽。其实，这就是情绪沟通的状态不同导致的感知差异化。那么，怎样才能做好情绪沟通呢？

第一，态度轻松自然，不给对方压力。

当我们身处危机时，总会有人说一句"放轻松"，目的就是为了缓解紧张感，因为紧张感的出现会直接推动我们的情绪走向负面状态。在沟通中也是如此，只有领导者做出一副轻松自然的态度，员工才不会感受到压力，也才能感受到领导话语中的人性关怀。

第二，尊重对方。

让对方保持良好情绪的前提是尊重对方，这样才能构建友善的沟通氛围。有时候员工不能很好地和领导交流，是因为自己受到了冒犯，心情不快，自然就理解力下降，对抗性上升，如何能干好工作呢？即便领导想要借助沟通指出下属的某些缺点，也应该本着尊重对方的前提出发，不要一上来就拿出抨击的腔调。当我们表达出对员工的尊重时，对方才有可能接受我们的批评，甚至会觉得这是出于关怀的善意批评。

第三，认同和赞美对方。

如果在沟通中，下属说了让领导感到为难的话，也不要马上动用权力去压制对方，而是尽量试着从对方的角度去理解，表达出一种认同的态度，而认同的潜台词就是“咱俩想法一样”，在无形中拉近彼此的距离。当然，把认同升级就会变成赞美，更能创造一种温馨愉快的沟通氛围，让原本刺耳的话听起来都顺耳许多。

1921年，美国钢铁大王安德鲁·卡内基出100万美元的天价年薪，准备雇佣一位执行长。如此高额的待遇自然引来了很多报名者，结果卡内基选中一个叫夏布的年轻人，很多落选者都表示质疑：“为什么偏偏是他？”卡内基解释说：“因为他最会赞美别人，这是他最值钱的本事，却是你们最缺乏的一种能力。”果不其然，夏布在当选执行长之后，总能在沟通中认同对方的某些观点，赢得了公司上下一致的肯定和尊重，最终成为卡内基的左膀右臂。

第四，掌握分寸，不让对方尴尬。

无论是批评还是赞美，都要维持在一个合理的尺度上，即批评对方要点到为止，赞美对方不要脱离实际，因为批评过头了谁的情绪都好不了，但赞美过劲了反而像是在讽刺，这些都会直接破坏对方的情绪。掌握分寸的措辞技巧，其实就是把良好的沟通气氛烘托到位，让对方认为这次沟通就是不强调上下级关系的、不争论孰是孰非的谈话，有了这个作为铺垫，接下来说什么话都不会被视作带有攻击性的，沟通也能顺利很多了。

第五，总能从消极的一面看到积极的一面。

和谐的沟通氛围必然是正面信息多余负面信息。你可以直言不讳，但要给直言不讳加上可以遮挡的外衣，这样才不会让员工产生防卫心理。打个比方，当员工接到一个棘手的任务时，领导者一定要多鼓励对方并告诉对方：“这个任务是急了点，但通常越急的活儿成功率越高，你就等着拿提成吧。”这样一来，员工原本不快的心境会得到改善，情绪好了，工作动力也就足了。

在每一次和员工沟通之前，身为领导者要做到心中有数，草拟出一个可行的“情绪沟通计划”，可从三个方面入手：第一，情绪沟通一定不是严肃的，应该是通过沟通增进感情，让对方产生亲近感，从而敞开心扉，这样才能听到对方的心声；第二，情绪沟通需要摆正自己的位置，不要以管理者的身份或者好为人师的口气指点江山，这只能让员工反感；第三，情绪沟通的关键在于让员工卸下心理负担，这样才能钝化矛盾。

良性的沟通需要让对方保持心情愉悦，说到底就是多和员工共情，少和员工讲道理，因为人始终更倾向于感性判断，只有让对方感受到你的诚意和暖意时，沟通才有意义。

4. 闲聊并不简单

美国著名人际关系学大师戴尔·卡耐基说过，如果想要交朋友，想要成为受人欢迎的说话高手，就要用热情和生机去应对别人。有的领导和下属沟通时，除了下达任务之外什么都不会说，所以经常会遇到冷场，导致双方都很尴尬。

电影界有一种说法：任何一部电影都可以缩短为15分钟的内容。为什么会这样？因为吸引观众的不是核心的剧情走向和重要转折，而是主角配角、正派反派身上呈现出的个人特征和魅力，以及一些有趣的对话、美妙的风景和动听的音乐，这些元素组合在一起才讲出一个好故事。沟通也是如此，没必要让信息量那么丰富，而是应该在谈正事的间隙插入一些闲话，不仅能让谈话的氛围变得轻松，也能拉近和员工的距离。

为什么闲聊会有这样的效果呢？因为在闲聊中是最容易发现

对方兴趣点的。无法让对方兴奋起来，就无法触动对方的情感，自然就不能改善关系。换句话说，不会闲聊的领导，只能成为一个发布命令的管理者，而不是一个有趣的沟通对象。

美国总统西奥多·罗斯福是一个擅长和别人沟通的人，这不仅是因为他知识渊博，还因为他能抓住对方的兴趣点。每次有人要拜访罗斯福时，他都会事先打听对方的职业背景，从中寻找对方感兴趣的话题，因此无论是面对政客还是普通的士兵，他都能和对方进行愉快的交流，很容易打开对方的心扉。正是擅长闲聊，让罗斯福在谈正事的时候效率极高，因为每个和他沟通过的人都会对其产生好感，自然也愿意接受他的观点和指派的任务。

闲聊看似没有目的性，其实是存在原则性的，只有遵守其中的法则才能让闲聊成为愉悦的社交方式。简单来说，要具备三个条件：第一，要有话题性，也就是沟通双方或多或少了解的事情，如果是对方擅长的事情那就最好了，否则就变成了自说自话，达不到“通”的效果；第二，要避免争议性，不要选择容易引发争论的话题，而是尽量选择开放性强的话题；第三，要有吸引力，能让对方顺着这个开场白进入正式的沟通环节。

大科学家爱因斯坦可谓功成名就，但是脾气也比较古怪，特别是在公众场合，对大家的吹捧总是毫不在乎，别人有求于他也很难开口，可还是有人能通过闲聊的方式赢得他的好感。有一次，一位商人在聚会上遇到了爱因斯坦，想找他谈些事情，于是大大方方地走到爱因斯坦面前说：“尊敬的爱因斯坦先生，听说您的小提琴演奏得非常好，有机会去拜访您时，能否听您演奏一曲？”爱因斯坦听了以后十分高兴，真诚地邀请这位商人去家里做客。商人的开场白为何成功？因为他找到了话题——爱因斯坦喜欢小提琴，这就打破了两个陌生人的隔阂，拉近了关系。

如果商人和爱因斯坦沟通时，不断猛夸对方是“人类最伟大的科学家”，这样的闲聊有趣吗？走心吗？能拉近彼此的距离吗？显然不能。所以，闲聊要找对切入点，这样才能精准地触动对方。

第一，谈论金钱。

这个世界上谁都离不开钱，所以和赚钱或者省钱有关的话题都能引起对方的兴趣。有的领导觉得和员工谈钱比较敏感，其实不然，敢于谈钱的领导往往会被认为是坦率真诚的，反而是那些动辄就谈企业文化的领导更不容易受待见。比如，领导可以和员工闲聊日常花销，尤其是结婚生子的人会更有共同感，一起抱怨一下房价，吐槽一下油价……这些和金钱挂钩的事情人人都关心，又显得领导接地气，让员工产生亲近感。

第二，利用好奇心。

从心理学的角度看，好奇是人类的天性，领导在和下属沟通时也可以利用这个心理特点，让对方愿意聊下去。比如领导在下达任务之前，可以这样对员工说：“我问个问题，你知道世界上最大的浪费是什么吗？”员工一听自然会觉得很好奇，就会发问，这时领导可以如此回答：“是你闲置的才能。”这时员工会恍然大悟，意识到自己在工作上还没有发挥出全力，但领导的这种沟通方式并不生硬，在埋怨中还藏着几分期待，所以接下来指派任务时就会顺利很多，也不会引起员工的反感。

第三，向对方请教。

每个人都或多或少存在着“好为人师”的心理，那么利用这种心理，领导就能打开沟通的障碍，让员工和自己走近。比如，领导要让员工参与到一个数码产品的项目策划中，可以先不谈任务内容，而是用讨教的口吻说：“听说你对数码科技挺有研究，我最近想配一台电脑，可我是个外行，你帮我参谋参谋？”员工听到是自己擅长的话题，自然就打开了话匣子。等到对方说得尽兴之际，领导才把要交代的任务讲出来，顺便称赞对方几句，哪个员工不会欣然领命呢？

归根结底，闲聊展示的是领导的沟通能力，更是社交能力，它不需要有遣词造句的能力，也不需要活跃气氛的口才，需要的是能和对方“玩到一起”的亲近感。只要存在这种共情心态，即使无聊的话题也会变得生动，因为员工此时感受到的是一个和自己分享生活经历的朋友，而非一个下达命令的领导，这种情感上的靠拢就会放大领导的人格魅力，也让上下级关系更为融洽。

5. 先否定再肯定，表扬也要讲技巧

很多领导者在和员工沟通时往往两极分化：对自己看着顺眼、一直很听话的员工赞赏有加，而对自己看着不顺眼、总是离心离德的员工嘲讽批评。结果就是，前者越来越高估自己，从讨人喜欢变成了讨人嫌，而后者要么破罐子破摔，要么气愤走人。

沟通是有技巧的，它更像是一门婉转内涵的艺术而非按规律办事的技术。单纯的肯定和否定都会让沟通结果朝着一个极端发展，这是管理的大忌。其实，为了达到说服员工的目的，领导者可以采用一个特殊的沟通技巧，那就是先否定再肯定。

心理学上有一个名词叫做“增减效应”，也叫阿伦森效应，是指人们喜欢对自己的喜爱不断增加的人，讨厌对自己的喜爱不断减少的人。为此心理学家做过一个实验，他们把80个人分为四组，每组对被测者做出7次评价：第一组对被测的7次评价只谈他

们的缺点而不提优点；第二组对被测者的7次评价只谈优点不提缺点；第三组对被测者的7次评价中，前4次只说优点而后3次只说缺点；第四组对被测者的7次评价中，前4次只说缺点而后3次只说优点。后来经过调查发现，第四组的人是最受人欢迎的。

这个理论并不难理解：当一个人指出对方的缺点时，对方虽然感觉不太舒服，但是从理性上可以得知你不会恭维他，这时再去肯定对方的优点就会增加真实的成分，而如果一直肯定或者一直否定都不会产生这种正面的效果，至于先肯定再否定，对方则一定是对你十二分的反感了。那么，既然人们普遍存在这种心理特征，我们就可以把它套用到企业管理上，增强员工对领导的信任，产生共识和共鸣，自然就更容易说服和影响对方。

通用电气公司的掌门人杰克·韦尔奇被认为是美国最强硬的老板，很多人和他打交道时，都能感受到一股强势和压迫感。只要是他的员工，基本上都被骂过，但是他们对韦尔奇依然崇拜和尊敬，甚至工作干劲更强，为什么会这样呢？因为韦尔奇在批评员工之后，也懂得及时鼓励对方，会送给员工一个由他亲自签名的小纸条，上面写着鼓励和赞美的话，这种批评加赞美的特殊方式，让不少员工深受感动并接受韦尔奇的教育，按照他的思路为公司作贡献。

上级说服下级，最难过的一关就是对方的先入为主：领导就是要让我干活，企业就是要榨取我的“剩余价值”，这是一种潜在的职场对立关系，很难彻底根除。所以，领导要做的是让员工知道你在为他考虑，用信任感去抵消隔阂感，这样才能在平和友善的氛围中沟通，从而实现契合度较高的灵魂交流。

领导想要管好员工，并非必须处处哄着，也不必事事强逼，而是要懂得张弛有道，找准对方的弱点下手。单纯的好脾气和好态度有时只能起反作用，因为在员工看来是领导在暗藏玄机，就会提高警惕。相比之下，先否定再肯定的沟通，能够产生两个积极作用：

第一，能够强化对员工的正面评价。

很多领导都知道偶尔夸一夸员工是必要的，可夸奖的手段过于直白，让员工有一种“走过场”的感觉，认为这是领导让自己“卖命”的伎俩。既然存在这种心理，领导不如对想要肯定的员工先进行批评，从而吸引对方的注意力，这时再夸奖效果更佳。

打个比方，某员工为公司争取到一个大订单，领导叫员工过来进行总结，如果直接称赞对方显得有些功利，不如这样说：“我觉得你这次表现整体上是让人满意的，就是有一点让我很失望……”员工本来做好了接受表扬的准备，可是被这么一说立即有些懵，这时领导可以接着说：“我失望的是，你没给我任何挑错的机会。”这样九曲十八弯的称赞就会产生意想不到的感染力，让员工更加受到鼓舞和感动。

第二，避开缺点谈优点。

先否定再肯定是一种含蓄的表达方式，比直来直去更容易让员工接受。如果领导不顾及员工的感受，就是缺乏和员工共情的意识，无法点燃员工的工作热情。举个例子，一个工作组里，某员工擅长外联却不擅长材料撰写，如果领导直白地说员工的文字水平不好，仅仅是人际交往能力强，这样会伤害员工的自尊心，不如先否定再肯定：“你的文案有一定的提升空间，我很期待，相比之下你的外联能力堪称一流。”这样既让员工意识到自己的短处，又避免直来直去，让“好话”的分量加强，让“不好的话”分量减弱。

先否定再肯定，就是以获得员工的信任和好感为前提，快速找到弱点然后猛击的沟通策略，它通过情感转折发挥作用，让员工在情绪波动的状态中重新认识自己的上司，顺便也重新认识了自己。当然，要达到这种沟通效果，领导需要多花一点心思，在否定员工时表现出一种真诚的批评，在肯定员工时表现出一种合理的认同，否则就会让员工觉得很虚假，也就失去了它的心理学价值。

6. 幽默是共情的润滑剂

喜剧大师卓别林说过："幽默是智慧的最高表现，具有幽默感的人最富有个人魅力，他不仅能与别人愉快相处，更重要的是拥有一个快乐的人生。"很多时候，幽默展现的不仅是一种人生态度，更是一种沟通技巧。

当今的职场压力空前巨大，所以才有了"打工人"这种半是调侃半是自嘲的称谓，也正因为人们承受着工作压力，所以很多沟通场合都比较压抑，特别是上下级沟通时：领导担心员工有逆反情绪，员工担心领导用强权压制。与其双方都紧张，不如在沟通中多加入一些幽默的元素，作为上级对下级的共情润滑剂。

一家工厂的车间主任和工人一起顶着倾盆大雨卸货，弄得大家全身上下都湿透了，这时车间主任擦了擦脸上的雨水对工人说："今天晚上我们必须要聚餐，而且要加一道新菜。"有些工人没有听懂，这时车间主任解释说："清蒸'落汤鸡'啊！味道肯定棒极了！"一番话让所有人都开怀大笑，暂时忘却了工作的劳累。

冒雨干活本是一件很辛苦的事情，难免会有人抱怨，但是车间主任不仅能和团队在一起奋战，还能用幽默的方式调节大家的情绪，这里面既有自嘲更有激励，有效地改善了员工的情绪，这就是用共情去领导团队的作用。

善用幽默的领导，总是能营造一种和谐的氛围，以玩笑的方式给员工指派任务，甚至在批评对方时也会因为幽默手段运用得当而让对方欣然接受。当然，幽默本身是一种表达的技巧，而在幽默的掩护下与员工沟通更是一种技巧，这需要在三个方面进行锻炼：

第一，语言圆滑且巧妙。

中国虽然有"忠言逆耳利于行"的古训，但很多时候说话过于直接并不可取，因为"逆耳"往往会引起对方反感，很难让对方接受，即便是上级面对下级时也是如此，因为有些员工总认为老板和上司是"剥削"他们的，对立情绪隐隐存在，这时不如运用幽默来说服对方，毕竟手段不重要，结果才最重要。

秦始皇曾经要扩建御园，打算养一些珍禽异兽用来打猎取乐。当时很多人都反对这个劳民伤财的土木计划，不过没有人敢于直言。这时，朝中能言善辩的优旃站出来，对秦始皇说："好，这个主意很好，多养珍禽异兽，敌人就不敢来了，即使敌人从东方来了，下令麋鹿用角把他们顶回去就足够了。"秦始皇一听笑了出来，明白了优旃是在变相批评自己穷奢极欲，于是很自觉地收回了成命。

有人觉得领导面对员工时何必要圆滑呢？其实职场上的关系错综复杂，而且员工也会有脾气，领导不能总仗着自身的地位生硬地和对方沟通，不如采用圆滑的措辞，产生幽默效果。这种表达方式既能让员工接受，也会让员工感觉到领导在体谅自己，不想把话说得太直接，这是一种沟通层面的情感关怀，是上级懂得共情员工的表现。

第二，用轻松的话术活跃氛围。

幽默传递的是一种轻松的情绪，它能把职场上严肃紧张的气氛中和掉，减轻员工精神上的压力，增强沟通效果。比如，当公司刚招收了一个新人时，领导照例要和新人谈话，这时新人或多或少会感到紧张，因为对方并不了解领导是什么样的人，担心自己能否融入团队，这时领导不妨用幽默的方式介绍企业："你刚到公司，可能对我们的情况不了解，我们公司在业内是口碑很差的。一是经常团建耽误工作，因为我们看重集体的力量；二是保密性不强，因为跟我们合作过的企业都夸我们敬业认真，所以我们也没什么秘密；三是总有官司缠身，因为有不少同行喜欢抄袭咱们的创意。"用这种幽默的方式向新员工介绍企业，不仅生动有趣，还能缓解新人面对领导时的紧张感，让他们意识到领导在帮助自己尽快熟悉企业，传递的是一种善解人意的温暖，增加了新员工和企业的黏性。

第三，把不满的情绪包裹在笑料里。

当领导对员工的某种表现不满时，最好不要采用直接教训的方式，而是采用幽默的方式告知对方，将不满夹在字句之中，从侧面提醒员工。

有一位职员总是想办法逃避工作，有一次他找了个借口说要参加爷爷的葬礼，结果老板发现他在撒谎，不过还是给了他一天假。第二天上班时，老板忽然拦住了这位职员："你相信人能死而复生吗？"员工想也没想就说："当然不信。"老板微笑着说："你爷爷来看你了。"

这位职员撒谎请假本来是犯了错，老板虽然看穿了这点小伎俩，可是如果直接批评效果并不理想，想来员工请假也可能是有别的事要做，毕竟现代人的闲暇时间越来越少，所以领导没有直接批评对方，本着理解的态度用一个玩笑指出了对方的错误，幽默又不失原则。

和员工愉快地沟通和相处，这是作为领导者的一项重要技能，它不仅需要领导者掌握巧妙的沟通技巧，更要有一颗善解人意的心，这样才能戳中人性的柔弱之处，凝聚人心。

7. 打感情牌，三招搞定“滚刀肉”

职场上总有一些油盐不进的“滚刀肉”，就像脾气犟的驴子，骂不起作用，打收效甚微，惹急了就甩袖子走人。相信很多领导者都曾经或者正在被这类员工困扰，那么与其采用一些极端手段，不如打感情牌，再蛮不讲理的“滚刀肉”都有可能被搞定。

有些领导者认为，对待这样的员工何必讲感情，应该狠一点才能给自己树立威信，让他们无条件服从。有这样一个案例，一个老板天性善良，员工很喜欢他。当老板发现生产线上有严重的浪费现象之后感到很痛心，又不知道该怎么办，后来听一个教授讲座时得知要学会和员工博弈。于是，这位老板就找了一个作风彪悍的管理者，每天都盯在生产线上，用秒表计时查找问题，让员工十分讨厌。后来员工的反抗情绪与日俱增，终于发生了罢工，老板最后只得将那位管理者开除。

强硬的手段，只能在短时间内有效，而如果是针对“滚刀肉”类型的员工就更没有明显效果，不如多打几张感情牌，顺着员工的情绪来，等到充分酝酿、发酵之后，再利用这种情绪让他们变得顺从，这才是共情管理之道。

第一，让问题员工学会自尊自爱。

为什么有些员工会变成“滚刀肉”，究其根本是他们不懂得自尊自爱，不在乎别人如何评价自己，直接导致他们缺乏足够的进取心。既然如此，领导者就应当唤醒他们的自尊和自爱。在日常工作中，领导对这种问题员工要多尊重多关爱，对他们下达命令时多用“请”“麻烦”这些词汇，不要觉得这是低声下气，这是在变相提醒员工要尊重自我，把他们温柔地“绑架”在一个位置上，让他们觉得自己一直是受领导尊敬的，自己必须以实际行动来回报。比如有的问题员工经常迟到，那么领导不要上来就进行指责：“为什么全公司只有你一个人迟到了？”而是应当换个方式表达：“你来的这么晚，是不是遇到了什么麻烦事？”当领导的态度好转了，员工自然愿意坦诚相告，承认错误，毕竟人心都是肉长的，领导敬员工一尺，员工就可能会还一丈。

第二，给问题员工保留必要的面子。

如果问题员工没有尽到职责，出现了工作失误，领导应该批评，更要用正确的方式教导，目的是不让他犯重复的错误，不能以贬损员工的自尊为代价，因为一旦破坏了他们的面子，对方很可能会破罐子破摔，对批评产生免疫力，在“滚刀肉”的道路上越走越远。

美国通用电气公司曾经有一个名叫查尔斯的计算部门主管，

是个“滚刀肉”型的中层干部，公司高层经过决定之后打算免除他的现有职务。但是查尔斯是电器领域的专家，公司离不开他，而他本人又是敏感易怒的性格，直接将查尔斯从主管位置上拿掉会让他颜面扫地，也会给他留下不光彩的老底儿。后来高层经过讨论之后，给了查尔斯一个新的头衔：通用电气公司顾问工程师，工作内容和之前的一样，但是主管的职务却被空出来让其他更有能力的人替代。这样既给对方保留了面子，又巧妙地解决了岗位分配的问题。当领导者懂得维护员工的颜面时，这种基于人性关怀的善意就能化解对方的敌视，甚至感化对方。

第三，多多了解问题员工的真实想法。

想要改变问题员工，最核心的是要了解他们为什么不思进取，而这个了解的过程是多样的，不一定非要受限于工作时间和工作地点，也可以尝试寻找其他渠道，说不定就能“柳暗花明又一村”。比如，领导者可以根据团队的实际情况，通过员工出游、拓展训练、年会活动等非正式渠道主动接近问题员工，在轻松的、非正式的情景下和对方沟通，找出病根，制定出应对策略。

一个英国公司的董事为了了解有问题的员工，采用了一个大胆的办法。他在分公司卧底两个星期，伪装成一个办公室职员在十个不同的地点工作。由于很多人没有见过这位高层领导，所以董事很快掌握了大量的有价值的信息，最后根据收集来的情报调整之前的管理策略。可见，管理者了解员工并不难，难点在于是否愿意打破“沟通的壁垒”。归根到底，对员工的不了解造成了很多管理者的“认知盲区”。

其实，很多所谓的问题员工，并非是真的素质低下、道德败坏，他们可能是走入了错误的认知误区，有着得过且过的心理。作为领导者就要尝试唤醒他们内心深处的自尊感、道德感和上进心，这样才能以情换情，把问题员工改造成优秀员工。

第四章

CHAPTER 4

辨别人才和庸才的技巧

共情管理 Empathy Management

1. 定位员工的差别优势

龙生九子，九子不同。在相同的环境中成长，人与人之间依然会存在差别，更不要说来自不同成长环境的员工了。虽然企业在招收员工时会有一套固定的标准，但员工的性格、思维方式以及成长环境总是存在差别的，因此各自的长处和短板也不尽相同。那么对于企业而言，“好员工”的标准就不应该是固定的，而是要承认他们之间存在差别优势。

差别优势原意是指企业通过向客户提供有别于其他竞争对手的独特产品或服务形成的优势。如果把这个概念套用在人才管理上，就是员工和员工之间相比的独特优势，它的存在不会让团队四分五裂，反而会凝聚得更加紧密，因为性格是存在互补的，优势自然也能互补。

英国维珍集团的创始人理查德·布兰森说过一句发人深省的

话："培养员工，让员工强大到足以离去；关爱员工，让员工留恋到不愿离开。"意思是让员工既能在企业中获得长足的进步，同时又会感念于企业的培养而不愿跳槽。可惜的是，如今很多企业并没有做到这两点，而根源往往和领导者的人才管理策略有关。

有的领导者按照自身的喜好挑选或者培养一种类型的员工，比如话少爱干活的，凡是不符合这个标准的，要么改造过来要么踢出去，结果导致整个团队都变得沉默寡言，没人愿意提出自己的想法，有了情绪领导也不得而知，彼此更是缺少必要的交流。其实，这就是无视差别优势带来的恶果，它让员工的人设刻板化甚至是流水线化，这样的企业和团队不可能有旺盛的生命力，因为它抹杀了人们原本的个性特征。

每个企业都渴望拥有优秀的人才，每个领导者也都希望手下多出精英骨干，但达到这个目的的前提是尊重每个人都是独一无二的个体。

在教育领域，孔子提倡"因材施教"，这个理论在人才管理领域同样适用。承认员工的差别优势，能够达成两个目的：一是可以高效地激励员工不断努力，让他们充满自信地进行自我肯定；二是有利于从外部对员工的优势进行良性引导。那么，如何才能最大化地定位员工的差别优势呢？主要可通过三种手段：

第一，挖掘员工的潜能。

承认差异化，从另一个角度看就是让员工的差别优势达到最高值，这样才能给予员工更高的自信。打个比方，一个技术强但不善社交的员工，可以让他尽量减少在沟通上的非必要时间，专心于眼前的工作，这样就能产生更多的工作成绩，从而鼓舞员工钻研技术的信心，也能让其他同伴意识到不善社交并非是职场上致命的缺陷。由于潜能是广泛存在于员工内心的，所以领导者要学会通过共情的方式去激活它，多对员工嘘寒问暖，在员工需要外界帮助的时候施以援手，这样才能让他们对自身的差异产生正面的评价，杜绝外界的闲言碎语。

第二，打造适合差别优势的环境。

如果说人的优势是种子，那么发挥或抑制这种优势的环境就是土壤，领导是否愿意施肥浇水就决定了土壤的好坏程度。一个有志于培养员工差别优势的领导，必然会在团队内部创造一种“八仙过海，各显神通”的工作氛围，承认员工的优势但也不避讳其缺点，呼吁大家互相协作，比如让经验丰富的老员工指导充满激情的新员工，或者让善于外联和钻营业务的员工结成对子，这些都有助于团队凝聚力的创造，也会在优势互补的环境下让每个人的长处最大化。很多时候，员工身上的优势会因为缺少必要的土壤而消失殆尽，这都是领导者消极管理的恶果。当员工意识到领导者关注他们的优势时，他们也会投桃报李地以工作成果回馈企业。

第三，及时激励员工保有差别优势。

很多时候，一个人的优势是需要时间去发掘的。因此，身为领导者要在员工遭受挫折时给予其信心，不要一切只向效益看齐，要多给员工试错的机会，这样才能充分寻找他们身上的差别优势，不然一句否定和挖苦就可能失去一个优秀员工。当领导者对员工抱着勉励和认同的态度时，这种温暖的共情也会激发他们的斗志，并最终转化为优异的工作成果。

总的来说，领导者要对差别优势管理有明确的目标，知道员工的长处是什么，并知道企业需要何种优势，然后积极主动地培育员工的优势，在他们遭受挫折时给予关怀，这样才能得到一个最优结果。切记，当员工的成长遭遇瓶颈时，企业的发展也会陷入困境，培养员工就是创造企业的未来。

2. 根据脾气秉性合理组队

《西游记》中的唐僧师徒四人不仅性格特征明显，也是一套搭配最合理的团队：领导者唐僧有着清晰的目标和坚定的意志，不会被外界干扰动摇本心；主力孙悟空能力出众而且人脉极广，无论遇到何种难题都能最终化解：苦力沙僧虽然本事不突出，但任劳任怨，做着不起眼但必不可少的工作：老油条猪八戒虽然不够忠诚能力一般，但会拍唐僧的马屁且能活跃气氛。如果不是这样一个脾气秉性互补的组合，恐怕师徒四人很难取到真经。

企业是由若干个团队组建而成的大型组织，每个团队能否正常运行关系到企业的发展。作为领导者，就要学会把最适合组成团队的人揉捏在一起，这样才能充分发挥他们的自身优势，将合力最大化，将矛盾最小化。当然，如何组建一支团队存在不同的标准，有按照能力组合的，有按照资历组合的，也有根据实际需求按照岗位组合的，可以说每一种组合都有适用的情况。如果是在常态环境下，组建团队的最佳标准是按照脾气秉性来划分。

为何脾气秉性是首要标准呢？因为一个人的性格基本上决定了其思维方式，思维方式会体现在具体的行动中，所以脾气冲突的两个人难免行动对立，造成团队的割裂，严重时甚至会导致团队溃散。那么，如何才能组建好一支脾气秉性合理搭配的团队呢？我们可以列举几种常见的性格，但实际上并不局限于以下这四种：

第一种，急性子和慢性子的组合。

有的人生来急躁，有的人生来温吞，急躁的人通常不会拖延，但有可能冒进，而温吞的人一般不会莽撞，但有可能拖后腿。所以，把急性子和慢性子组合在一起，就能起到中和的作用。当然，有的领导者会觉得这样反而会激化矛盾，其实这种矛盾很容易调节，让急性子和慢性子分属于不同的岗位，比如急性子是设计，慢性子是文案，文字和图片必须搭配在一起，如果设计先一步做完了想要催促文案，但文案的工作设计并不了解，更无法取代，所以在磨合的过程中会不由自主地减缓速度；同样，文案性子再慢，在设计的带动下也不敢太过拖沓，自然也会有所提速。这个磨合期越长，彼此的宽容度就越高，两种情格的劣势会最小化，优势会最大化。

第二种，内向性格和外向性格的组合。

内向性格一般不受世俗的喜欢，而外向性格则更为吃香。然而在实际工作中，内向的人抗干扰属性更强，通常也不会掺和到工作以外的事情上，在完成需要高度注意力的工作时优势明显，但如果涉及大量的对接工作，内向者会产生较大的焦虑感，而外向的人却能如鱼得水。因此，将两种性格按照工种划分在一个团队中，就会有人始终保持着高度的注意力，也有人精力充沛地与外界沟通。如果磨合期够长，内向者身上的沉稳、专注等优点会逐渐感染外向者，而外向者身上的活力、健谈也会让内向者克服原来的缺点，让他们取长补短，提高团队的综合战斗力。

第三种，粗心大意和心细如丝的组合。

粗心大意和心细如丝是对比最为明显的性格特征，从表面上看粗心并非缺点，但粗心的人不易敏感，容易让领导掌握其思想动态，细心者虽然不容易犯错，但领导想要读懂他们就困难许多。所以，将这两种截然相反的性格组合在一起，对比之下，粗心者可能会频繁犯错，而细心者则会不断为其纠正错误，这样就从客观上改善了粗心者的工作效果，同样，细心者也会逐渐适应粗心者的性格，让自己原本敏感的个性钝化一些，避免发生情绪上的剧烈波动，对整个团队的稳定性会起到积极作用。

第四种，多变者和教条者的组合。

有些人生来能够适应各种环境，讨厌一成不变，有些人则讨厌变化，喜欢稳定。多变者能够尽快适应各种不同的工作任务、客户以及市场环境，但他们自身的想法也很多样，有时候会推翻自己刚刚敲定的计划，甚至会骑驴找马物色下一个就职单位。而教条者只习惯从旧有的经验出发，对改革、颠覆、创新这些词汇都比较反感，他们的内心世界容易被领导掌握，一般也不会有跳槽的心思。所以，将这两种性格组合在一起，多变者会被迫接受教条者搬出的某些规矩和经验，而教条者也可能被多变者活络的头脑打动，变得不那么死板僵化。经过长期的磨合，他们会在工作时将原则性和灵活性较为合理地结合在一起，既能适应变化又能稳住原则。

脾气秉性的组合有千万种，作为领导者要先了解手下的员工，摸清他们的真实性格，切勿将看起来内向实则活跃的员工错划到“内向组”，这就可能导致某个团队过分活跃，难以沉下心干工作。只有借助合理的搭配，才能让同样数量和质量的人才获得最大的发展空间，这就是人才结构对企业潜力挖掘的正面作用。

3．三分钟快速给员工画像

企业永远都想要有经验、有能力、有责任感的员工，但愿望和现实总是存在差距的，总有一些毫无经验的新人或者能力欠缺的菜鸟被招收进来。当然，随着时间的推移和企业的栽培，他们都有成长的机会。作为领导者，需要有能力甄别出不同的员工，这样才能采取相应的管理策略：让没经验的人多参与实践，让没责任感的人多接受企业文化熏陶，让没能力的人跟着高手快速进步。同样，对于优秀出色的员工，也要把他们安排到合适的岗位上，这样才能更好地发挥他们的优势。那么，对这些人才的快速画像就成为了关键一步。

很多人都听说过用户画像分析，画像的目的是了解目标用户群体，这是企业做好产品的关键。同样，领导者要做好管理，提升领导力，也需要了解员工，所以员工画像就成为领导者需要掌握的技能之一。

一般来说，根据员工所处的不同发展阶段，大致可以分成五类画像。领导只需要把它们套用在不同的员工身上，就能方便管理。

第一种，职场新人。

他们是有着零经验或者仅几个月经验的新人，多以应届毕业生为主。由于他们身上保留着一种学院气质，所以具有较高的工作热情，学习能力也很强，一般也没有家庭的拖累，容易把主要的精力放在工作上。另外，由于他们没有受到任何企业文化的预设，有着极强的可塑性，他们的主要价值是工作热情和学习能力，也最容易被培养成忠实于企业的黏性员工。

针对这类员工，领导安排任务要具体，而且要每天检查，及时帮助他们解决问题，给予足够的关怀，这样他们才能和企业逐渐形成绑定关系。同时，也要适当给他们委派有挑战性的任务，加速其成长。

第二种，职场骨干。

他们往往有着三五年的工作经验，当然也不排除有些人能力出众，就业一两年就脱颖而出。不过无论怎样，他们大多是接受过某个企业进行的文化熏陶，不再是一张白纸，所以想要对他们“洗脑”就有一定难度。因为他们自身能力不差，但有的人缺乏足够的价值感，会为了利益而使出一些小手段，毕竟他们从业的时间不算长，有些人还没有接受过职场的“毒打”，依然保留了新人才有的理想化元素。这类员工的价值是专业素质。

针对这类员工，领导要给予他们一定的自由度，使其深度融入企业和团队，引导他们建立良好的价值观，尤其是要抓好过程把控，否则他们很可能会在成长的关键期剑走偏锋，变成企业不喜欢的类型。

第三种，职场混混。

他们工作能力一般，但是混迹职场江湖的经验非常丰富，了解职场上的弯弯绕绕，懂得如何讨好上司和拉拢同事。因为他们通常缺乏足够的上进心，所以不喜欢主动接受有挑战性的工作任务，因此绝不能把他们安排到管理岗位上，这样会直接消磨团队的战斗意志，但也不能轻易将他们开除，因为他们往往人际关系不错，也有着一定的工作经验。这类员工的核心价值是工作经验和职场人际关系处理能力。

针对这类员工，领导要建立论功行赏的激励机制，用成绩来说话，而不是强调资历，这样才能让职场混混失去活动空间，用硬性的指标要求他们，截断他们通过人际关系向上爬的可能，最大可能地激发他们身上消散殆尽的工作热情

第四种，职场老实人。

他们任劳任怨，各方面表现都比较一般，既没有突出的工作能力，也没有明显的人脉优势，但是他们能够中规中矩地完成领导交给的任务，只是很少有亮眼的表现。这类员工广泛存在于各种团队之中，他们并非没有上进心，只是缺乏足够的动力，不习惯创新，所以容易墨守成规。这类员工的责任感很强，是对企业最忠诚的类型。

针对这类员工，领导应创造一种活跃向上的团队氛围，这就需要团队的管理者付出努力，虽然不能完全改变他们，但只要方法得当，也能激发他们身上沉睡的某些活性。另外也要给他们创

造良好舒适的工作环境和公平的竞争机制，充分发掘他们身上的优势，让他们成长为团队的精英力量，促进团队的整体进步。

第五种，职场大拿。

他们有着极强的自我驱动性，总是能够超出预期地完成任务，内心也渴望获得更大的表演舞台，所以他们是团队业绩增长的主力军，是领导遇到难题时的救星，也是竞争对手觊觎的挖墙脚对象。因为他们过于优秀，所以可遇不可求，这类的员工的核心价值就是工作能力和榜样力量。

针对这类员工，领导要学会珍惜，把他们放在最适合的岗位上，将其塑造成为企业和团队的榜样，通过他们去带动更多员工走向卓越。同时，要给予他们充分的授权，多给他们挑战行业第一的产品或者服务目标，当然也要防止他们产生骄傲自满的心态。

员工的画像大体上有以上五种。当然在实际工作中，有的人可能介于两种画像之间，那么领导者就不能把这套理论生搬硬套，而是要具体问题具体分析，把管理工作做细做实，才是善待人才的最佳做法。

4. 别掉进识人用人的陷阱

古语有云："回看世上无伯乐，却道盐车胜月题。"回顾历史不难发现，很多才华出众的人因为种种原因遭到埋没；也有不少投机者才不配位，浪费了权力和资源，这对一个国家和民族的发展危害巨大。同样，企业发展也离不开对人才的正确选用，因此识人用人就成为领导者的必修课。

常言说"画虎画皮难画骨"，一个人究竟是人才还是庸才，很难用直接观察的方式作出判断，而是需要通过时间来检验。但在这个快节奏、重效率的时代，很多企业害怕耗费时间成本而蒙受损失，于是就诞生了各种所谓快速识人的办法。客观地讲，这些方法有时候确实管用，但总是存在局限性，尤其是当方法被具体的人运用时，又会加入个人的主观因素，导致判断失误，掉入到识人用人的陷阱之中，不仅破坏领导者的威信，也给企业的未来埋下了隐患。

孔子有两个学生，分别叫宰予和子羽。宰予能说会道，很快就得到了孔子的好感和信任；相比之下，子羽因为容貌丑陋，让孔子对其第一印象不佳，后来无奈退学。事实证明，宰予徒有其表，经常说一套做一套，而子羽却是个品学兼优之人，后来孔子悔恨地感叹："吾以言取人，失之宰予；以貌取人，失之子羽。"

像孔子这样的圣人都会掉入识人用人的陷阱，很多领导者当然也难免如此。为了不放走一个人才，不重用一个庸才，领导者就需要掌握避免掉入陷阱的守则。

第一，不要被首因效应左右。

首因效应指的是对某个人的第一印象决定了对其的整体评价，比如孔子对宰予和子羽就是如此。首因效应的弊端非常明显，第一是容易造成先入为主的思维定势，第二是容易养成以貌取人的习惯，第三是会导致以偏概全的认知错误。所以，领导者不要陷入"第一印象"的误区，要给一个人充分展示自我的机会，让他们在不同的环境、场合下表现，这样就容易认清他们的本来面目。打个比方，有的人面对领导时恭恭敬敬，对待同事就态度蛮横，那么领导就要寻找机会了解员工在其他场合的状态，不能仅凭和自己相处时的表现就给予全面的评价。

第二，不要被晕轮效应影响。

晕轮效应指的是对某个人的认知和判断受到局部影响，进而扩散为整体印象。打个比方，某个人很爱干净，总是将办公桌收拾得整整齐齐，于是领导就认为这样的人对待工作也是有条不紊的，然而实际上这位员工只是有这样的生活习惯而已，对待工作并不认真。同样，有的人可能不修边幅，但在工作时却能豁出一切，如果领导只从局部判断而忽视了其真正的优点，就会给企业和团队带来损失。晕轮效应最大的弊端就是一叶障目，让人草率地通过一两个特征来总结整体。作为领导者一定要从关键特征入手，比如工作能力、责任感、道德水平等，忽视那些无关紧要的细节特征。

第三，不要被刻板印象误导。

刻板印象指的是还没有进行实质性的交往，对某个人就产生了先入为主的评价。比如，近几年对“处女座”的吐槽，或者是对“单亲家庭”的贴标签等，这些是认知固化的表现，并没有可靠的数据支撑。在日常工作中，有些领导经常受刻板印象的影响，认为凡是给公司挑毛病的员工都是“滚刀肉”，凡是说话少的都是城府深，这种预设认识会极大地影响领导者对员工真实能力和状态的判断，从而制定出错误的管理方案，最后买单的仍然是企业。所以，领导者不要相信任何一种高效率的判断方式，要多从实际出发，多和员工深入接触，才能了解一个人的真正优缺点。

第四，不要被月光效应麻痹。

月光效应是指借助其他事物的优势给自己增光添彩的认知现象，正如不会发光的月亮借助太阳发光一样，是一种错误的“间接印象”。很多领导者因为太看重员工优秀的学历背景、家庭背景和人际关系，就认为对方一定差不了，殊不知这些并没有绝对的相关性，对方本身可能就是才智平庸，只有让他们参与实践才能得出一个真实的判断。

第五，不要被投射效应干扰。

投射效应指的是将自己的感情和意志投射到他人身上并强加于人的一种认知障碍，比如领导者认为某个人是人才，才华横溢得肉眼可见，其他人也都这样认为，于是就真的重用对方，而如果有人提出反对意见，那就是他们存在偏见，因为该“人才”的能力是“公认”的。另外，投射效应还会让人对自己喜欢的事物越来越喜欢，而对讨厌的事物越来越讨厌，让原本就不客观的认识得以固化，从而在重大问题的决策上犯下严重错误，不仅乱用人力资源，更是危害企业的长远发展。

避免被各种心理效应误导，从实际出发，从客观出发，这才是科学合理的识人用人法则。领导者只有守住这条底线，才能避免人才的流失和事业的失败。为了达到这个目的，领导者既要不断提高自身的综合素质，也要建立用人的制度流程，避免主观偏向，这才是对企业和员工负责的表现。

5. 察言观色，找出员工的痛点

火车跑得快，全靠车头带。但如果车轮出了问题，再强劲的车头也带不动。

员工管理是一项复杂的工作，不仅需要科学地识别人才，也需要及时发现人才的负反馈，比如一直工作积极的人突然消极怠工了，比如一直主动接触客户的人突然沉默寡言了，更严重的是原本忠诚的员工突然提出要辞职了……当上述现象发生时，其实背后隐藏的问题早已存在许久，它所表现出的不是症状，而是一个糟糕的结局。作为领导者，就要提早发现征兆，解决问题，把危害控制到最小。当然，领导也不是读心术大师，不可能完全洞察员工的内心想法，所以就要积极主动地去发现员工的痛点，消除病灶，让团队在健康的状态中运行。

中医讲究找准痛点，甚至有“痛点靶向治疗”这个概念，比如针炙和按摩，给员工找痛点也是如此。领导者要创造让员工“暴露”痛点的机会，借此察言观色，将问题扼杀在摇篮里。当然，痛点只是一个宽泛的概念，它可以是员工对利益分配的不满，可以是对难缠客户的绝望，也可以是对内部管理的抱怨，所以领导者不能简单地把所有痛点都归结为钱，只是单纯地用物质手段去“治疗”。

为了精准定位痛点，领导者可以采取以下四种办法：

第一，组织团队内部的大型活动。

很多痛点在常态工作中不容易暴露出来，特别是对于那些职场经验丰富或者性格偏内向的员工，他们往往会在其他场合表达自己的不满，而不会直接向领导反映，毕竟很多领导会把员工的这种行为看成是“矫情”，存在着风险。所以，领导不如在团队内组织几次面向全员的大型活动，在活动中让所有员工处于相对放松的状态，此时领导者可以借助游戏娱乐和会餐的时机放下身份，和员工近距离地交谈。不要觉得这是资源浪费，因为在度假区沟通和在公司的办公室里沟通，氛围完全不同，那些不善表达或者不愿表达的员工可能会吐露出一些真实想法，这就是领导者进一步了解员工的机会。除了领导主动沟通之外，也可以在活动中观察员工的表现发现端倪，比如在某个绑腿比赛的活动中，原本是一个工作组的员工表现得非常不契合或者是自愿组队时没有选择对方，这大概率就说明了他们关系不和，那么领导就要尽快找出矛盾冲突所在。

第二，给员工提供建议。

组织大型活动需要时间和金钱，这对很多企业来说并不现实，所以在这个方法之外还有一些简单易用的办法。比如当领导发现某个员工状态不对时，就把对方找过来，给他们提供建议，通过这些建议来观察员工的反馈。

第三，让员工汇报工作。

如果员工手头上没有正在进行的重要项目，那么领导可以通过让员工汇报某个时间段内的工作情况作为找出痛点机会。比如在4月份汇报一下2月和3月的工作，此时的重点并非员工汇报的内容，而是汇报时表现出的态度。打个比方，如果员工的真实痛点是提成太少，那么在汇报到该项目时会有意强调自己付出的努力和牺牲，这是一种下意识的本能，那么领导就可以通过汇报中的话术揣摩员工的弦外之音。一般来说，员工有和领导单独接触的机会，除非打定了主意吃哑巴亏，否则总要找机会跟领导诉苦或者暗示，所以领导多留意就会有新发现。

第四，反复检查员工的工作成果。

职场上，员工的大部分痛点还是和工作有关，所以领导不妨走出办公室，来到一线前沿，以检查员工的工作成果为桥梁，从中寻找蛛丝马迹。如果员工存在痛点，那么他们会对领导的检查作出不同的反应：认为不被重用的会表现自己，认为遭受排挤的会强调人员配置，认为客户故意刁难的会抱怨项目本身……和让员工汇报相比，检查工作成果是深入到现场，员工或许没有单独和领导沟通的机会，却有了各种“道具”和“实物”，比如团队里偷懒员工的办公桌，比如技术支撑不到位做坏的产品，再比如客户蛮不讲理的聊天记录等，这种现场感往往更加直观易懂。

了解员工的痛点是一项需要长期坚持的工作，因为市场环境在变化，客户需求在变化，员工自身也在变化，所以领导者不要幻想一次性解决所有痛点，而是要时时刻刻关注员工，不要等员工的痛点变成了“痛下决心”，那就为时已晚了。

第五章

CHAPTER 5

人才塑造从微笑开始

1. 实施惩罚要学会拖延症

在大多数情况下，拖延症的确是一个缺点，然而当我们要作出一个有损他人利益的决定时，拖延或许可以帮助我们缓解矛盾，让我们兼顾“情”和“理”，点到为止。对于领导者而言，这个“有损”员工的事情就是惩罚对方。

当员工犯下不可原谅的错误时，自然要受到惩罚，这是企业树立规矩的重要组成部分。但是，惩罚并不见得每一次或者说针对每个人都有效，因为它直接带来的是被惩罚者的利益损害，对方可以思考如何避免下一次被罚，也可以抱怨惩罚手段太重，这些都取决于他们的主观态度。说到这里，并不是让领导者放弃惩罚，而是尽量不选择那种简单粗暴的惩罚，即员工迟到一次马上罚款100元，这虽然是给了员工“一棒子”，但并不能从根本上避免迟到现象的再次发生。这时需要领导者采取一些必要的管理艺术和手腕，用拖延去延缓惩罚手段的实施日期，这样才能将“情”和“理”有效地融为一体，真正达到惩罚的目的。

拖延式的惩罚并非不惩罚，而是采用渐进的方式慢慢实施惩罚步骤。为了给予员工必要的警示，可以把惩罚拆分成几个步骤缓慢实施，既让员工知道你在“动真格”，又不至于让员工“伤筋动骨”，这样才是恩威并举的最佳策略。

和马上兑现的惩罚方式相比，拖延式的惩罚是一种能够纠正错误行为的系统方式，通常可以分为六个步骤，每一步骤相比于下个步骤就是在拖延，但这种拖延不是无原则，如果员工屡教不改，毫无悔意，就只能进入下一个环节，但又不能直接采取最激进的惩罚手段，以此达到动之以情且威严有加的效果。

第一步，口头警告。

这是对员工最轻微的惩罚了，也是整个拖延式惩罚的开始。比如员工提交报告晚了一天，耽误了团队的集体活动步调，那么领导者就要对其进行口头警告，让其意识到这已经违反了公司的规矩，下次再犯就要严肃处理。当然，口头警告一定要在非正式的场合进行，也就是说不必直接把员工叫到办公室，而是以巧遇的方式顺便警告员工，这样就等于传递给员工一个信号：如果没有撞见你，这个警告也就不会发出了。那么在员工看来，领导是本着宽容的态度的，是想给自己主动认识错误的机会，这就产生了初步的共情。

第二步，当面批评。

和口头警告不同，这是专门把员工叫过来谈话，场合正式，氛围严肃。当领导者当面批评下属时，通常是口头警告没有发挥作用，员工重蹈覆辙，这时再用“偶遇批评”的方式就很难有效果了，所以要抽出专门的时间对员工进行批评教育。在启用这种惩罚手段时，员工会意识到领导对自己毫无悔过的表现产生了不满，不得已进行了惩罚升级，如果还有良知的话必然羞愧难当，会全盘接受领导的意见，促使双方达成初步的共识。

第三步，书面警告。

如果员工在当面批评之后仍然犯错误，这差不多可以证明惩罚的力度还不够。不过领导不能为此大发雷霆，采用物质惩罚甚至开除的方式对待员工，因为对方依然有着改正错误的可能，所以不妨采用书面警告的方式：撰写一封有关员工表现的信件或者表格，然后放入员工的个人档案中，如果操作条件不允许，也可以改成在公司内部的公开书面通报，当然这种通报只是文字的形式，不是所有员工都可能看到，在公开大会上则不要提及此事。当领导采取这种惩罚措施时，员工会意识到问题的严重性，但也能觉察到领导依然在给自己保留面子，不过在多数同事都知晓此事后，再不改正错误就有些过分了，所以大多数员工在书面警告这个阶段都会有所收敛，没人愿意再让这类惩罚手段升级。

第四步，制度惩罚。

所谓制度惩罚，就是正式启动人事制度上的惩罚手段，如果说前面三步都是“精神惩罚”的话，从第四步开始就涉及到了“物质惩罚”，它意味着员工的切身利益会受到损害。当然，开启制度惩罚的前提是员工对书面警告也毫不在意，虽然遇到这种情况大部分领导都会彻底失望，但基于共情管理的需要，还是不能动用终极惩罚手段，而是要依靠规章制度对员工进行罚款、降薪、调职等处理手段，当然这些必须按照现有的制度进行，而不能出于私心加重惩罚力度，这会让员工认为领导者一开始就不够公正客观，从而无法意识到自己的错误。除了实质性的惩罚之外，还要进行系统性的惩罚，那就是让上级部门知晓员工所犯的错误，在管理层内部通报员工的错误行为，让企业做好实施下一步惩罚的准备。

第五步，停职。

如果员工依然不思悔改且对物质惩罚毫不在意，让这样的员工继续工作只会危害企业的发展，所以必须采取停职的惩罚手段，让员工脱离现有岗位，按照具体错误程度规定一个停职的时间，在这个期限内让员工自我反省，这也是领导给予员工的最后机会。如果领导还有精力，也可以进行最后一轮谈话，让员工明白走到第五步完全是他咎由自取，之前已经多次给过他机会了，剩下的只能靠自己努力改正了。

第六步，开除。

拖延式惩罚是给犯错的员工改正的机会，而如果员工到在前五步都没有悔改的表现，那么为了确保企业的根本利益，就只能将员工开除。如果领导者严格按照步骤进行，开除员工之前已经是仁至义尽，员工没有和领导实现共情，责任只能在其自身，必需要承受最坏的结果。

实施惩罚时运用拖延的方式，是为了让员工明白：任何一项处罚决定都不是针对某个人的，而是针对某件事的，所以员工不必产生误会。同时在按步骤实施惩罚时，领导者要有劝说、疏导以及安慰等辅助手段，这样才能让员工心服口服，确保他们和领导、企业的情感关系不被破坏，这也是共情管理的根本出发点。

2. 有脾气的人才要慢慢哄

如今有很多老板抱怨：现在的员工说不得骂不得，一怒之下就可能离职，而再培养一个员工的时间和精力成本也很高，特别是有能力的员工，所以很多老板只能采取哄的办法。

老板哄员工并不是新鲜事，在一些人才供需不平衡的行业里，不仅优秀员工是抢手货，就连能力一般的员工也不敢轻易放走。尤其是在人口老龄化、年轻人自我意识越来越强的今天，人力成本俨然成为企业最大的成本。

在传统观念中，领导和员工既是合作关系又是对立关系，领导想用最低的成本换取最大的利益，而员工也想用最低的劳动量获得最大的回报，于是二者就变成了对弈关系，每天都会上演“相爱相杀”的职场大戏。由此可见，如何平衡上下级关系是一个需要积累经验的过程，需要根据自身的实际情况制定有针对性的“哄人才”策略，具体可以从五个方面入手。

第一，从制度上稳定人心。

但凡是人才，头脑都是清醒的，也有一定的大局观，他们通常也不会乱发脾气，而是会根据基本的理性判断采用一种宣泄情绪的办法。打个比方，公司对该人才重视程度不够，导致在实际工作中缺少有效的资源支撑，最终项目失败，那么人才必然会愤怒，但愤怒的点更多地指向制度。因此，身为领导者首先要从制度入手，要确保现行体制让人才挑不出大毛病才行。毕竟，人才的个人能力发挥也需要团队的配合，而团队成员来自天南海北，带有各自的习惯，那么公司就要给大家树立一个统一的制度并严格实施，用制度来维护秩序，这样才能从根本上稳定人心。

第二，从氛围上温暖人心。

有脾气的人才，相比于普通员工会更“易怒”，他们会对身处的工作环境更加挑剔，比如同事上班时说闲话太多或者缺乏应有的礼貌等，这种负面的氛围感会让人才感到才能被限制发挥，一怒之下往往会作出极端的选择。作为领导者，不能把这种对氛围的不满一概理解为“矫情”，因为好的工作氛围对任何人都会产生积极作用，只不过人才会更敏感而已，既然如此，就要积极改善工作氛围，让员工之间保持应有的和谐礼让，特别是对人才要有必要的尊重，不能让这些贡献了业绩的功臣遭受冷遇。只要领导愿意出面解决，氛围搞好了，同事之间的关系就融洽了，也就从环境因素上减少了人才发火的可能。

第三，从激励手段上提振人心。

钱不是万能的，但在职场上却是很重要的。当人才产生负面情绪时，最常见的原因就是个人利益受到了损害，比如应得的奖励变少了，这种分配不公会让对方直接动怒，消极怠工，甚至可能迁怒于其他员工，此时作为领导者就要及时安抚对方并跟进激励制度，哪怕钱未到账也要作出承诺，为的是让对方稳定情绪，把后续的工作做好，这种事先承诺的激励手段最能体现出领导的诚意，而如果因为意外因素回款出了问题，领导也必须对人才说明难处并适当给予部分奖励，确保言而有信。或许有的领导者习惯“不见兔子不撒鹰”，喜欢在钱到位后再施行奖励，然而这个过程可能是漫长的，会让人才产生误会，所以要及时发出信号，目的就是在第一时间提振人心，避免对方多虑。

第四，从KPI上绑定人心。

人才需要的不仅仅是钱，还有自尊感，这一点对某些人来说甚至超过了对物质的需求，所以企业一定要设置考核制度，这看似是对员工的不友好，但其实是在变相地给人才展示优势的机会。就像学霸只有通过考试才能证明自己一样，让普通员工尊重核心员工的关键就是让双方拉开距离，这就在客观上满足了人才的自尊感和虚荣心，一定程度上减少他们的负面情绪，特别是在召开表彰大会时，领导还可以借机对人才进行夸奖并将其树立为榜样，而身为榜样的员工也会因为“道德绑架”不再轻易发火，因为谁也不想破坏一个良好的对外形象，这就是绑定了人心的作用。

第五，从私下给予上拉拢人心。

每个人才都会觉得自己是出类拔萃的，所以领导者要注意这一点，让对方觉得自己一直被领导“特殊关照”和“另眼相看”，这样才能凸显人才的独特自尊心。如果某个人才突然表现反常，工作不冲在前列，那可能是觉得自己不被重视，这时领导就要积极寻找私下接触对方的机会，给予一些小恩小惠，比如赠送购物卡、健身卡、油卡等，额度不用太大，因为对方在意的不是获得多少切实利益，而是领导给自己的特殊关照，这就能进一步拉拢人才。

以上五种“哄人”手段，重在预防，是为了养成尊重人才的习惯，即使五种手段不能样样都做到最好，只要做足一两个，也能部分抵消人才的负面情绪。作为领导者，要把那些有脾气的人才当成家庭中最不服管的孩子，无法割舍，只能尽力维护。特别是要避免他们的负面情绪不断积攒而毫无预防措施，因为当人才真的动怒时，任何补救措施往往都是徒劳的。

3. 只会说好话的将军带不出精兵

领导者重视培养自己的共情管理能力是一件好事，可有些人陷入到了误区，认为高情商的领导必须有好脾气，基本上不对员工发火，认为只有这样才能保持和谐的上下级关系。其实这是一个严重误解，准确地说是对情商这个概念认识不足。

现在很多人倡导的所谓“高情商”，不过是一种“面子式的情商”，比如圆滑世故和八面玲珑等，主要局限在情绪识别和自我管理这两大方面，而在社会交往上十分局限：仅仅是考虑到维护人际关系的层面，却没有考虑到如何引导社会关系。

高情商的领导一定是善解人意的，但这不是以委屈自己为代价，领导毕竟是领导，不会盲目压抑自己的情绪，而是会合理宣泄，这才能让正面情绪和负面情绪维持在动态的平衡中。事实上，一个从不发脾气的领导很难管理好团队，有时候得到的仅仅是“这个领导比较好说话”“这个领导脾气好，不怕得罪他”之类的评价，而这个评价的负面影响才是最糟糕的。

发脾气不能真正解决问题，但有时可以表明你的态度，重新强调作为领导者的带队作用，这才是团队管理的重中之重。在职场上，如果一个领导者始终保持中庸之道，崇尚佛系，那么员工大概率会变成一盘散沙，因为领导的好脾气让他们缺乏奖罚分明的概念，也因为好说话的领导会模糊优秀员工和落后员工的差别，这样自然不利于团队的成长和进步。领导偶尔表现出强势，有以下三方面的好处：

第一，让员工积极进取。

抱着佛系的态度指挥团队，那么大概率完成不了艰巨的任务，也不会超出预期完成任何工作，因为你不懂得如何让员工表态甚至下军令状，那么员工自然不会拿出百倍的勇气和意志去冲锋陷阵。只有那些态度鲜明的领导才能号令三军，当领导对员工表达出了“我们必须要做好”的态度时，就等于给整个团队激励了士气，这样员工才会不顾一切地去努力完成任务。领导的态度越是鲜明，员工就越是心里有底，因为他们知道自己跟着这样的领导干是有可能取得成绩的，而那些善于摸鱼的员工要么改变要么离开。

第二，让员工敬重有加。

如果我们身边的朋友好说话，那或许是一个不错的朋友，因为他们不争不抢，脾气温和。然而如果是一位领导者，这就不算是优点，因为职场如战场，商场上永远弥漫着看不见的硝烟，没人会喜欢一个没有战斗欲望的领导。敢于对员工提出高标准、严要求的领导，通常也会发现员工身上的长处，这种珍惜人才和利用人才的领导才会有更多人追随。

第三，让员工的执行力更强。

当领导懂得不向员工妥协时，员工才知道自己要做什么且必须完成，从而保持着饥肠辘辘的战斗欲望，随时随地都可能发动“进攻”，这样整个团队都会向业绩看齐，因为他们知道领导那里不会放宽要求。相比之下，什么都好说的领导就不会给员工制定有难度的目标，这样一来，团队在完成任务时也会效率低下，时间长了便会形成一种慵懒的工作氛围，彻底失去执行力。

当然，任何事物都存在两面性，领导者可以不好说话，但也不能一点都不妥协，对员工苛刻到极致，肯定会引起员工的逆反心理，要根据特殊情况对员工作出适当的让步，这样有张有弛的管理方法才能带好队伍。

当今社会，市场竞争越来越激烈，职场竞争也越来越残酷。对于一些安于现状的领导者，他们只想拿着一份固定工资消极管理，殊不知竞争原本就是不进则退的，当领导者失去进取心以后，整个团队也失去了战斗力，即便不犯任何错误，也会因为缺乏建树而遭到无情的淘汰。因此，每个有志向的员工都渴望遇到一个敢打敢拼的领导者，哪怕有时候不好说话，但只要人在其位，员工就有了主心骨，团队就有了凝聚力，员工的未来也就有了明确的方向。

4. 精英缺乏的只是信心

松下电器的总裁松下幸之助是一个喜欢骂人的领导，但他也是最擅长栽培员工的领导。一次，松下幸之助对一位部门经理说："我每天要做很多决定，并要批准他人的很多决定。实际上只有40%的决策是我真正认同的，余下的60%是我有所保留的，或者是我觉得过得去的。"经理听了觉得很惊讶，如果总裁不同意的事一口否决就可以了，然而松下幸之助表示反对："你不可以对任何事都说不，对于那些你认为算是过得去的计划，大可在实行过程中指导他们，使他们重新回到你所预期的轨迹。我想一个领导人有时应该接受他不喜欢的事，因为任何人都不喜欢被否定。"

这种不轻易否定员工的做法，其实质就是给予员工必要的自信心。身为领导者，说出一句不让员工反驳的话很容易，但所造成的副作用也是明显的——严重打击员工的积极性和自信心，所以必须避免使用“你不行、你不会、你不知道”等词汇，而是多用“你行、你肯定会、你知道”等词汇。信心对一个人能否走向成功至关重要，只有懂得如何增强员工信心的领导，才可能让员工从平庸之辈成长为精英骨干，而优秀员工大部分都是在鼓励信心的前提下成长到这一步的。

领导者不仅要对员工多说肯定型的词汇，更要充分了解员工的真实诉求并着手解决，这样才能真正提升员工对企业的信心。而当员工对企业表现出一万个放心时，他们才能有信心在这个团队中发挥自己的才能。

自信是一种积极的动力，但自信不会凭空而来，即便有领导者不断对员工说“你是最棒的”，也不会真的让一个员工成长为高手，最多获得的是鼓励自己放开脚步的勇气。所以领导鼓舞员工要注意两个问题：一是选择有成长为精英潜质的员工，因为他们会对自己提出较高的标准；二是不要急于求成，要让员工在树立信心时享受成长的过程，通过正向循环持续提升自信心。

科学合理地提升目标员工的信心，需要从以下五个方面入手：

第一，为企业和团队设定明确的目标愿景。

信心是增强面对某件事的勇气和动力，所以目标越是明确，信心才可能越得到强化。如果一个企业或者团队没有清晰的发展蓝图，那么但凡有志向的员工都会觉得前途渺茫，这时无论领导怎么鼓励都不会有实质的进步，因此给员工树立目标，承诺员工和企业共同成长，才能将企业目标的实现和员工自我提升的达成紧密绑定在一起，才能给予员工树立信心的动力。

第二，建立公平、公正和公开的制度。

如果一个企业或者团队赏罚不明，领导者任人唯亲，即使有再清晰的企业目标，员工也不会为之努力奋斗，因为他们正在遭受不公平的待遇。所以，领导者必须做到公正评判、公开信息和公平处理，这才能让员工和企业同心同德。或许有的领导者不是有意创造不公平的工作环境，而是觉得没必要把什么事情都公开，结果这恰恰引起了员工的猜疑，导致他们对领导者和企业失去了信心，又如何有决心和团队共同进步呢？因此，给予员工信任，首先要树立其内部制度的威严性和规范性，确立游戏规则，每个参与者才能信心百倍地投入进去。

第三，在内部树立榜样。

员工知道自己要成为什么样的人，这仅仅是第一步，下一步是让他们知道成为这种人以后会得到何种待遇，这个待遇并不局限于物质待遇，更有精神上的待遇，这才是激发员工提升自我的重要动力。所以，领导者要在团队中树立成功的榜样，让员工了解榜样成长的过程，让他们清晰地看到每一个步骤。在这种鲜活案例的指引下，员工会认为自己成为榜样只是时间问题，在荣誉的光环和高薪资的待遇之下，每个人都能爆发出无穷的潜力，会积极主动地提升自信心促使自己完成目标，其结果就是企业和员工实现了双赢。

第四，扬长避短地安排员工的工作。

每个人都有优势和短板，即便是精英员工也是如此。所以领导者在分配任务时，要给每个下属安排最适合的工作，切不可抱着“锻炼锻炼”的态度，让不善交际的技术型员工去搞外联，让钻研能力弱的活跃型员工搞开发，这种错误的排兵布阵会让员工的挫败感越来越强，自信心大打折扣，也有损企业的根本利益。

第五，发挥领导者的个人魅力。

领导者的行为和员工的信心提升有着密切联系。当领导者带头履行义务时，会督促员工向领导学习，而在犯错时主动承认，又能展示出一种胸襟和气魄，让员工放心大胆地在领导的指挥下工作和成长。

给予员工足够的信心，这是一种高超的管理智慧。和那种自以为打击员工就能牢牢控制住对方的小聪明相比，它不仅能帮助员工成长，还能在团队内部建立一种你追我赶的正向氛围。而员工也不会因为信心增强就轻视领导，他们会感念企业和领导对他们的塑造，也更加渴望接受有挑战性的任务，这才是一个优秀企业和出色领导者期待的精英员工形象。

5. 锻炼队伍：多让员工发言

在很多人固有的印象中，沉默寡言往往就意味着谦虚、谨慎和稳重。特别是在关系错综复杂且存在利益纷争的职场，很多人选择沉默作为社交的“常规武器”，在需要发言的时候简单说几句话，在有选择余地的情况下三缄其口。

站在员工的角度看，保持沉默是一种有城府的表现，也是一种保守的职场生存策略。但是站在领导者的角度看，如果团队中的大多数人都习惯于沉默，那就会让团队陷入到一种限制性和封闭性的状态中，因为沉默就像是一堵墙，阻止了团队成员之间的日常沟通、经验分享和工作交流，这样的团队很难有凝聚力，更无法共同进步、互帮互助。作为领导者，让全体员工开口说话，可以产生五方面的积极作用：

第一，提升个人能力。

口语表达能力不仅关联一个人的口才，也和一个人的思维能力密切相关。爱因斯坦在充分研究语言和思维的关系后表示：“一个人的智力发展和形成概念的方法，在很大程度上取决于语言。”在现代化办公的今天，无论是在一线的生产车间还是在写字楼，人们需要对生产现场、办公设备有着熟练的掌握能力，特殊岗位还会有更高的要求，而办公技能的开发往往和语言表达能力息息相关，所以多给员工练习口才的机会，有助于增加他们提升个人能力。

第二，促进团队和谐。

现代化生产和办公，大部分都是需要团队密切配合的，如果员工缺少良好的表达能力，就会在沟通中遇到障碍甚至产生矛盾，不利于团队协作。所以多让员工开口，也能增进团队内部成员之间的相互了解，这样即便在工作中遇到分歧，也能站在对方的角度思考，增强了同事之间的包容性和容错率。

第三，增强参与管理的意识。

通过让员工多发言，能够促使他们参与到团队的日常管理中。任何一个团队都不可能是完美无缺的，总是存在需要改进之处，如果只靠领导者或者几个核心成员，这个工作量实在太大，也很难找出所有问题。因此，要把发言权交还给广大员工，让他们积极地讨论，对团队和企业的发展提出可行性的建议、意见，这样做不仅能够实现民主化管理，也有利于提高决策的质量。

第四，了解员工的心声。

领导者如果只是通过观察去了解员工的思想动态，这未免有些局限，因为观察到的情况和据此分析出的结论未必与事实相吻合，与其揣摩员工心意，不如让他们主动开口，让领导者能了解他们的痛点所在，解决了痛点，就消除了团队发展的隐患，给予领导者更丰富的思考空间，从而有针对性地解决人员调度和安排上存在的不足，促进整体效能的提升。

第五，汇聚集体智慧。

一个人能力再突出，也无法和一个团队的合力相比。虽然职场上有“二八法则”，但领导者不能片面地认为只要让20%的精英发挥作用就足够了，因为红花也需要绿叶扶持，企业的正常运行离不开每个参与者的献计献策，只有多让员工开口讲话，才能从团队中汲取更多的实践经验和智慧。

既然让员工开口有这么多的好处，那么如何让员工主动发言呢？

第一，实现团队内部的信息分享。

很多时候，员工并非是喜欢沉默，而是了解的信息不够充分不敢开口。打个比方，领导让员工谈一谈产品技术迭代的问题，可惜员工对供应链上游的信息了解有限，这是企业内部的信息壁垒造成的，员工自然不愿开口。再比如关于人事方面的任用情况，员工不了解某些员工的职场背景，当然也不愿意开口评价。所以，领导要尽量消除信息上的不平等，通过在组织内部建立公开的信息发布机制，让员工方便了解有关项目和其他企业信息，自然就有了开口说话的自信和底气。

第二，对积极发言的人进行鼓励。

当员工表达自己的想法时，无论对错，领导首先要表示鼓励，不能打消员工开口的积极性。而对于有建设性的发言，最好予以适当的奖励措施，让员工尝到开口说话的“甜头”，这样才能激励他们下一次主动发言。当然，随机的奖励之外还要建立相应的制度，对提供宝贵意见的员工予以相应的物质回报并纳入到KPI中，用制度来督促员工主动发言，放弃沉默。

第三，打造轻松的沟通氛围。

如果一个团队平时工作气氛严肃，领导和员工距离感很强，那么再好的奖励制度也难以让员工开口。所以，要在企业和团队内部培育轻松的沟通氛围，让大家在平时就能畅所欲言，这样在需要发言的场合也能自然而然地表达，养成习惯比制度考核、领导敦促等手段更有效。

第四，建立和谐信任的人际关系。

既然让员工发言，那么总不可能都是好话，难免会有不好听的真话，所以领导者要以身作则，号召大家讨论问题时对事不对人，相信提意见的人是从工作出发而不存在私心。只有建立这种和谐信任的关系，员工才能进行深度交流，否则要么偏离真相，要么流于表面，失去了发言的意义所在。

让员工不再保持沉默，是一个需要依靠共情管理的长期工作，领导者要多多换位思考，分析员工不开口的主客观原因，必要时可以从自己身上找原因，因为人生来就有表达的欲望，只是有的人挑剔沟通对象，有的人在意沟通环境，有的人忌惮说真话的成本，所以要学会和员工共情，这样才能找准病因，让每个员工都有口若悬河的高光时刻，那才是团队欣欣向荣的征兆。

6. 控制增加要求的节奏

《伊索寓言》中有这样一则故事：一个乞丐到富人家乞讨，结果被仆人拦住了。乞丐表示自己不要任何东西，只想借他们家的火炉把衣服烤一烤。仆人想这也不是什么大不了的要求，就让乞丐去厨房的火炉旁边烤火。当乞丐把衣服烘干以后，问厨娘能否借用一下他们的锅，他想煮一点石头汤，厨娘好奇石头怎么做汤，于是就答应了，结果乞丐在路边捡了一块石头放在锅里煮，然后向厨娘要了一点盐，接着又要了豌豆、薄荷和香菜甚至肉末，最后乞丐把石头从锅里捞出来，美美地喝了一锅肉汤。

乞丐的聪明之处在于，如果一开始就向人家讨一碗肉汤喝，那么他大概率什么都喝不到，但是层层加码却可以慢慢麻痹对方，最终达到了目的。

这个故事从心理学的角度看，是对“登门槛效应”的巧妙运用。心理学家认为，通常人们都不愿接受较高较难的要求，因为做起来费时费力，成功率还低，但是人们对于那些较小的、容易完成的要求却并不排斥，当一个小要求完成后，人们就容易接受一个相对大一些的要求。

在日常工作中，领导几乎每天都会对员工提出各种要求。提要求虽然是从工作出发，但也是一个技术活，不能一上来就提出员工难以接受的要求，这会让他们望而却步，而是要循序渐进地提出，正如那个乞丐一样。简单说，就是把整个项目任务拆分成若干小部分，让员工一部分一部分地完成，同样可以达到完成最终目标的效果。

事实上，“增加要求”从深层次反映的是控制节奏的问题。作为领导者要懂得掌控工作的推进速度，可能是做加法，也可能是做减法，总之要有章可循，不能把任务甩过去就只等着一个结果，这样很可能会中途失控，导致项目失败。通常，保持工作节奏需要注意以下六点：

第一，不让员工急躁。

大多数人面对突然加码的工作要求，心里都是恐惧的，所以领导者尽量不要给员工创造这种负面感知，要坚信“欲速则不达”的道理，哪怕你遵循“登门槛效应”只提一点点要求，也不能给员工一个难以完成的期限，这种时间上的紧迫感同样会打消员工的积极性。有的领导者总是担心夜长梦多，生怕客户变卦，所以接了任务就催促员工马上完成，殊不知人在焦急的状态下脑子会混乱，影响判断力，这是工作的大忌。

第二，不让员工焦虑。

急躁是对时间紧迫的情绪反应，而焦虑是由情绪转化而来的负面心理状态，直接影响了员工的心理健康，让他们担心如果任务失败将要承担何种后果，在这种状态下自然干不好工作。所以，领导者要在提出要求后和员工站在一起，及时对他们进行资源上的帮扶，让他们产生“领导兜底”的安全感，这样才能克服一切不利因素把任务完成好。

第三，不让员工太快。

有急性子的领导，也有急性子的员工。有些项目领导并没有提出时间要求，然而员工却心急火燎地要尽快完成，一方面是性格使然，另一方面是想展示个人能力，无论出于哪种原因都是有害的。虽然这种主动创造紧迫感的情况下不会产生负面情绪，但会影响到员工对工作的态度，很容易就会误解客户的要求甚至高估自己应付项目的能力，造成认知上的脱节。所以，领导不能鼓励员工主动增加要求的习惯，要让他们保持科学合理的工作节奏，特别是在团队中出现了“超速者”以后，也会影响其他人的心态，所以要及时纠正，确保整个团队保持相近的工作节奏。

第四，不让员工太慢。

虽然有“慢工出细活”这句话，但并不意味着什么事情都不能又快又好地完成。有些项目的推进受到市场环境的影响，如果出手晚了就可能被竞争对手抢占先机，所以领导者一定要让员工意识到这一点，不能让他们自己掌握增加要求的节奏，这会导致个人乃至团队都养成拖沓懒散的习惯，降低企业的执行力。

第五，让员工抓住重点。

想快速推进项目，是领导者的本能反应，也适用于大多数工作情景。但问题是员工的精力和时间是有限的，为了不让员工反感，领导者可以暂时忽视整体而是抓住重点。打个比方，客户明天就要一个策划方案，按照正常节奏是无法完成的，如果一字不漏地把这个任务交代给员工，员工必然会着急焦躁，结果可想而知。所以，领导不妨过滤掉部分信息，告诉员工客户需要的是一个类似策划大纲的东西，并不需要面面俱到，只要分清重点即可，这样员工就更容易接受，承受的压力小，能力发挥的空间就大了。

第六，让员工配合工作。

人与人的能力差距是巨大的，当团队有紧急任务需要完成时，领导者也可以通过划分层级的办法，把任务分给不同的人去完成：重点攻坚的工作交给精英，次重点的工作交给经验丰富的老员工，非重点的工作交给新员工。这种合理搭配，能够避免员工面对突然增加的要求所产生的恐惧和焦虑，充分发挥每个人的现有优势。

控制工作节奏，既考验管理者统筹全局的能力，又检验领导者共情员工的能力。只有替员工着想，从他们的实际能力和状态出发，制定出的工作计划才是符合客观实际的。企业追求效益没错，但不能一切仅以KPI为目标，还要充分考量到人性，这样才能让员工在愉悦的状态下工作，为企业创造最大价值。

第六章

CHAPTER 6

与员工共同进步

1. 成果分享之外还有情绪分享

大碗喝酒，大块吃肉，这是很多领导者鼓励员工的常见套路，从企业的角度看没什么问题，员工求职都是为了混一口饭吃，但员工终究不是机器，除了物质需求之外也有精神上的需求。而且一个企业或者团队如果只能给员工分享成果，那不过是一个利益团体，并不是真正意义上的集体，因为它缺少精神文化的植入。

培养精神文化，不仅需要建立核心价值观的企业文化，也需要员工之间、上下级之间的日常交流，其中最重要的就是情绪分享。所谓情绪分享，就是指把积极的情绪分享给他人并感染对方产生相同情绪的行为，因为“分享”二字注定了不应是消极情绪。那为什么要进行情绪分享呢？

一个优秀的领导者，懂得影响他人的情绪，这样可以避免消极现象的发生，促进企业和团队的正向发展。情绪具有传染性，负面情绪就像病毒一样可以人传人，产生一连串的消极影响，反之同样奏效。对于领导者来说，身处高位，能够影响几人、几十人甚至几百人，所以情绪分享的结果是裂变性质的。

积极的情绪会在人与人之间产生润滑作用，能够把领导者的积极情绪传递给他人，让员工或是从懒散的状态变得激情四射，或是从低迷的状态变得奋发图强，或是从悲观的态度变得积极向上……当一个团队乃至整个企业的员工被正向改变后，就能产生无穷大的正向力量。既然情绪分享如此重要，领导者要怎么实施这个特殊的“法术”呢？

第一，了解自己的情绪。

既然领导者要把积极情绪和员工分享，就要先判断自己是否具有积极的情绪。或许很多人觉得这是一个幼稚的问题，事实上很多人并不能准确判断自己的情绪状态，可能会把一时的热血上涌判断为乐观向上，可能会把一时的消沉抑郁判断为淡泊明志……结果就会传递出错误的情绪信息。打个比方，一个领导因为刚结了一笔款情绪大好，趁着头脑发热就给团队设计了全年计划，以为自己的乐观情绪会感染员工，殊不知在员工看来只是在“画大饼”，这种情绪分享的效果只会适得其反。所以，在和员工分享情绪之前，先冷静下来，判断自己是一时的冲动还是处于稳定状态，这是情绪分享的前提。

第二，了解员工的情绪。

一般来说，如果员工的情绪足够正向，那么再用积极情绪去影响对方效果并不明显，所以领导者要先从那些有着消极情绪的员工入手，通过观察、换位思考、询问或者向旁人打听的办法，锁定拥有负面情绪的员工，通过影响对方的情绪来改变他们当前的状态。当员工意识到领导觉察出自己有负面情绪时，并不会感到焦虑，反而会感激领导对自己的关注，他们会认为领导在努力和自己共情，这就在无形中密切了上下级关系。

第三，管理员工的情绪。

当领导锁定了一个具有负面情绪的员工时，不要急着用自己的情绪感染对方，而是先管理好对方的情绪，这是必不可少的预热过程，因为一上来就和情绪低落的员工分享自己的喜悦，这是很讨人嫌的行为。那么如何管理呢？很简单，“打断施法”。所谓“打断施法”，就是用一个常见的社交方式打断对方的负面情绪状态，让对方先脱离消极的氛围，再和对方分享情绪。打个比方，领导看到员工意志消沉地摆弄着圆珠笔，可以走过去说：“这支笔挺漂亮的，在哪儿买的？”员工回答后，领导可以接着说：“现在的文具越来越讲究，我们上学的时候就那几种款式，掉地上都不知道是谁的。”通过几个开场白，就转移了员工的注意力，然后再分享情绪：“对了，咱们上个月谈的项目有结果了，我也因为这件事被总部表扬了，一会儿我请你们喝奶茶！”过一会儿，当热气腾腾的奶茶摆在员工的面前时，领导再鼓舞一下士气，在大家热火朝天的喊声中，员工早就忘了自己因为什么郁闷了。

第四，维系员工的积极情绪。

当领导者和员工进行情绪分享之后，不要以为一切OK了，还要巩固胜利果实，也就是在短时间内把积极的情绪维系住。比如那个请员工喝奶茶的领导，可以在半个小时之后再到员工身边，夸奖一下对方最近的表现，再说一个小段子，对方的情绪就会继续维系在正向的维度上，这其实就是一种强化手段，防止员工的消极情绪出现反复。当然，如果领导通过观察认为对方的情绪已经被积极影响的话，则不必多此一举。

情绪分享从技术层面看并不难，因为我们从小就在尝试用这种技能去感染他人。比如自己考试得了一百分差点要昭告天下，再比如自己找到了伴侣恨不得每天晒朋友圈。但同样的事情，有的人会被你感染，有的人则不会，这主要在于彼此的关系远近。所以领导者要在平时培养和员工的关系度，不必刻意讨好，但起码要有一个基本的好感度，这样对方才愿意被你的情绪所感染，否则就是形同陌路的陌生人。

2. 合理激发员工的创新意识

做领导最怕什么？员工辞职？不是，有才能的人多的是。员工不服从？也不是，总会有人愿意听话的。懒惰？更不是，只要适当引导还是能继续干活的……其实，领导最怕的是员工缺乏创新意识，看起来一个个勤劳朴实，乖顺听话，结果一到头脑风暴的时候就默不作声或者搬出了陈年的老创意。

创新的载体是人，只有让每个员工都树立起创新意识，才能产生创新的行为，推动企业自我优化，引领行业发展。

有科学家曾经做过这样一项试验：把四只猴子关在一个密封的房间里，每天喂它们少量的食物，几天后科学家通过一个小洞放下一串香蕉，一只饥饿的大猴子准备去摘却被事先安装好的装置喷出热水烫得伤痕累累，后面的三只猴子也同样遭到烫伤，所以猴子们都不敢再去触碰香蕉。过了几天，科学家又在房间里放进一只新猴子，当这只猴子想要去吃香蕉时，就会被其他三只猴子制止。后来科学家又放进一只猴子，当它想去摘香蕉时，没被烫过的新猴子也会阻拦它，哪怕后来泼开水的装置被拆除，也没有猴子敢去触碰香蕉。

很多企业正如这个封闭的房间，一些老员工用错误的经验误导新人，本以为是在帮助他们，其实是让他们错失了创新的大好时机，这就是落后的团队风气所带来的负面影响。从这个角度看，领导想要培养有创新意识的员工，首先要树立良好的团队工作氛围，这样才能确保每个人的创新意识不被扼杀，让全员形成统一认识：创新是必要的，是企业活下去的关键，所有人必须在创新这个维度上破局。

在改变团队对创新基本认识之后，领导者就要分步骤地激发员工的创新意识。

第一步，宣扬创新精神。

团队认同创新的意义不代表他们会体现在行动上，只有把创新精神当作团队建设的一种文化，融入每个人的工作状态中，才能为创新赋予足够强大的动力。所以，领导者要通过各类集体活动宣扬创新精神：在晨会的时候让员工讲一个有关创新的小故事并集体讨论，在工作会上要提倡用创新方法解决项目难点，在总结会上指出创新精神对完成任务的重要性，在年会上鼓励大家原创节目激活创新思维……通过这一系列对创新精神的宣扬，把创新意识刻进员工的DNA之中。除此之外，也可以制作一些有关创新精神的宣传物料摆放、悬挂在公司里，比如邮件签名、海报、电脑屏保、公司章程等，在工作环境上营造一种推崇创新的热情。

第二步，为创新制造合理的压力。

当员工意识到要在行动中创新时，领导者就要适度地给予他们压力，否则很多人会半途而废，毕竟创新意味着拓荒，而拓荒的结局是未知的。很多人会因为结果的不可控而放弃创新，这时领导者就要适度施压，比如对缺乏创意的策划方案进行扣分、对有创意的文案给予奖励，这样就能迫使员工沉下心思考创新的元素。再或者对员工的创新手段进行加分，而墨守成规的可以不扣分，这种方法能尽量减少员工的心理压力，通过比拼的方式催促他们去创新。总之，在赋予了压力之后，员工才愿意承担更多的风险去创新，因为创新的成果和他们的利益、声望和自我认同息息相关。

第三步，营造开放的环境。

在给予员工适当的创新压力之后，还要打造和创新精神相匹配的工作环境，这个环境主要是指“软环境”，也就是员工为了创新可以大胆地质疑、辩论和探讨，领导者不能打消这种热情，而是要积极鼓励。比如，某员工质疑某个经典的营销方案存在缺陷，这时领导者就要鼓励员工说出自己的想法，而不能因为保守剥夺员工说话的机会，或者只是口头上鼓励却不给予行动上的支持。只有让员工的创新想法得到正向反馈，他们才更愿意用创新思维去解决问题。领导者不要怕员工提到“颠覆”，而是应该怕员工说“还像以前那么来吧”。

第四步，建立良好的组织纪律。

适合创新的开放环境有了，接下来需要的就是相配套的组织纪律。只有民主的管理风格，才能给予创新足够的生存土壤。打个比方，很多创意型产业的工作时间比较有弹性，员工可以不按照死板的时间上下班，只要能保质保量地完成工作就好，在这种制度之下，员工的创新潜能会被充分激发，同时企业也不必担心创新要付出多大的成本。

第五步，选择有创新精神的新人。

当团队中的员工实在不能被激发创新意识或者确实有需要扩招人员时，领导者就要从新人中选择有创新精神的，通常这一类员工天生具有冒险精神，对创新有一种本能的好感，具体的识别办法是在面试时提出相关的问题作为试金石。

创新是一条并不好走的路，员工会本能地恐惧创新，领导者也会慎用创新，这是人之常情，也是需要打破的魔咒。其实从本心上讲，人人都有冒险的基因，只是受制于环境而被压抑住了，而领导者的作用就是要唤醒人们对创新的渴望，激活员工对创新的热情是第一位的。

3. 为员工指引成长的方向

做企业，做的是产品，也是人。同样，做领导，做的是管理人，更是塑造人。把人塑造成功了，企业的产品自然会变为一流，企业的制度也能落实到位，因为塑造成功的员工即便不是天才，也会成为适应企业发展需求和节奏的最佳人选。

有的领导者认为没思想的员工更好管理，单从控制的角度看的确有些道理，但人才管理不是产品品控，只有当每个人都有自我意识和独立思想时，才能真正拥有创新思维。把员工导入到正确的成长轨道，这不仅是一种方法，更是一个终极目标。

尊重员工，关心员工，引导员工，这才是领导者的管理核心所在。

员工成长，主要分为内在成长和外在成长两个方面。内在成长指的是员工自身的能力和技术的提升，而外在成长指的是员工是否能够胜任更重要的任务。只有当内在和外在同步成长时，员工才能获得充分的自信，这种自信会让员工更有创新精神和开拓意识。

重视员工的成长，企业就有了发展的保障，反之则可能跌入万劫不复。

20世纪90年代，“三株口服液”是一个如雷贯耳的品牌，虽然注册资金只有30万，然而到了1996年总资产竟然达到了80亿，负债率为零。然而就是这样一个超级品牌，却因为一位老人服用后身亡引发一场人命官司，继而轰然倒塌，其中有一个不可忽视的因素就是企业发展太快，员工急剧增加，达到了15万，然而这些员工并没有在企业的引导下成长，对企业严重缺乏责任感。1995年三株广告投入的3亿元中有1亿元被浪费：宣传物料被当成废品卖，员工对企业遭受的官司毫不关心……

从某种意义上讲，员工的成长过程就是和企业绑定程度加深的过程。正如人们认为能一起成长的伴侣感情最牢靠一样，如果员工也是在企业这个大熔炉中提升自我的，自然就会生成一种责任感和依赖感，所以领导者必须要引导员工的成长，让他们与企业产生深度的黏合，而不仅仅是雇佣和被雇佣的关系。

TNT是全球领先的快递服务供应商，它的经营理念就是将员工的成长放在第一位，因为只有员工成长了，他们的服务才能提升，企业的利润才能增长，而赚取的利润又可以用在员工身上，进一步助推他们成长。那么，作为领导者应该发挥什么作用呢？

第一，分析员工的行为是否对成长有意义。

有的企业，认为员工的成长都是在实践中锻炼的，结果就增加了员工实践的机会，用加班文化给员工洗脑，甚至为了加班而加班，还自我感动地认为给了员工技能跃迁的机会，殊不知员工会用消极工作的方式抵抗，导致正常工时内效率也变得低下——反正下班也回不了家。那么，如何避免类似的情况发生呢？这就需要领导多深入员工聚集的一线，调研那些所谓的“成长机会”是否真的能促进员工内外同步提升，如果不能就应该判定为“无效行为”：对企业的利润增长无效，对员工的成长毫无价值，应当果断制止，避免陷入到恶性循环。

第二，询问员工是否获得了公司在其个人成长上的帮助。

调研走访，毕竟免不了受到主观因素的干扰，领导者不妨找几个关系相对亲密的员工，让他们直言自己是否在企业中获得了成长的舞台。如果答案是否定的，那就要问明原因，是个人付出和回报不相匹配，还是个人能力和岗位安排不合理，抑或是企业缺少专业的培训。总之，要清晰提问并找出准确的答案。要让员工直言不讳，这是最接近真相的方法。需要注意的是，当员工回答肯定时也不要就此满足，还要站在领导者的角度判断该员工是否获得了真正的成长，即和过去相比是否提高、和其他员工相比是否有过人之处，避免因员工的自我高估而被误导。

第三，为员工的成长打造有利的环境和制度。

“有利的环境和制度”主要指的是竞争环境和奖惩制度。人的成长，离不开客观环境的催逼，所以在企业内部建立比拼制度，就是驱动员工主动成长的客观条件，会让员工最大限度地激发斗志，从而挖掘潜能。同时，对于员工因为努力成长而产出的结果，企业必须给予一定程度的奖励，当然对造成的负面结果也要进行惩罚，这样才能建立良性的内循环机制，让员工愿意寻求挑战并渴望获得对等的回报。

第四，以身作则为员工的成长树立榜样。

共情管理的核心永远是换位思考。如果一个领导者不思进取，躺在功劳簿上，那么员工如何愿意主动成长呢？所以领导者要在引导员工成长的同时，主动发现自身存在的短板并努力弥补。打个比方，有的领导者善于和客户打交道，却对技术一窍不通，导致在沟通具体内容时存在障碍，那么领导者就应当在这方面多做学习。“钢铁侠”埃隆·马斯克在创建Space X之初，为了方便和工程师们沟通，自学火箭知识，最终可以和技术人员无障碍地交流，这就能激发员工跟着他一起成长。

引导员工成长是一项漫长而艰巨的任务，并且可能在短时间内不会产出经济效益。但企业和领导者不能短视，要从长远出发，立足大局，从人文关怀的角度引导员工成长，把员工视为最在意的“产品”，这样员工也会把企业当成温暖的母校，把领导当成尊敬的导师，会把全身心投入工作并有所成就当作成长的证明。

4. 凝聚力Max：平等对待员工

在美国的《独立宣言》中有一句名言：人人生而平等，造物者赋予他们若干不可剥夺的权利，其中包括生命权、自由权和追求幸福的权利。

既然人生来平等，那么在企业管理中，同样也应该遵循这一法则。不过在实际工作中，不平等的情况却时有发生。有的员工干业绩冲在最前，结果到论功行赏的时候被排在后面，拿到奖金的是顶头上司。有人戏称，这种不平等待遇就像是手表上的时针、分针和秒针的待遇，领导永远是时针，被人第一眼看到；和领导关系好的员工是分针，被人第二眼看到；至于秒针，基本上没有人会去看。

很多时候，企业内耗问题的关键在于能否帮助员工消除不平等，这时就需要领导者站出来主持公道。既然普通员工是表上的秒针，那么他们没日没夜的辛苦劳动就应成为推动分针和时针转动的关键。如果领导者对他们的付出视若无睹，以后分针和时针也不会转动起来了。只有给予员工平等的待遇，才能最大程度调动他们的工作积极性，为企业创造更多的价值。那么，领导者该如何贯彻平等对待员工的法则呢？

第一，建立统一明确的制度和原则。

当员工感觉到存在不平等待遇的时候，往往是因为企业内部缺乏明确的制度和原则，造成了在利益分配时的随意性。打个比方，同样拿下100万的订单，A员工得到了2 000元的提成，B员工却拿到了1万元的提成，但是公司却没有对这种差别进行说明，更没有形成相应的制度规范。那么A员工就会失去努力工作的动力。

统一明确的制度和原则，要在整个企业内部或者团队内部整齐划一地执行，即可以是同一个部门同一个标准，但不能在A部门的3个小组有一个标准，在另外的3个小组还有一套标准，除非这样划分有明确的依据，否则大家会争着抢着进入利益分配最多的小组。这种不统一的状态，自然会造成企业和团队内部的分裂甚至是对峙，高标准和低标准的小组可能会互相拆台，具体到个人也是如此。

除了统一性，还要有明确性。比如，企业规定在A部门所有拿下100万订单以上的员工都能获得固定比例的提成，范围是统一了，但是具体多少比例却没有说明，这就把落实的权力交给了管理者。此时谁的付出多少不重要了，和领导的关系远近才更重要，那么这样的团队只能变成内斗不断的组织，人人思考的是如何钻营而非努力工作。

统一和明确是稳住团队军心的首要存在，制度和原则摆在那里，不论是否有人遵守，起码员工会以此为说辞。若只设定一个模棱两可的规矩，员工只能任人宰割，有苦说不出。所以，领导者要通过有据可依的规则和制度激励员工，让所有人信服，也让奖惩措施经得起推敲，才能得到员工的认可。

第二，在激励的过程中充分发挥民主性和透明性。

企业想要最大化地实现公平公正，不仅需要建立统一明确的制度，更要能在执行的过程中体现出民主性和透明性。因为只有民主，才能让每一位员工都有发言权，才能消除员工之间的猜疑，而制定相关奖惩制度时的透明公开，会直接增加员工心中的公平感。

打个比方，企业虽然制定了“超过100万订单能拿纯利润的10%作为提成”的制度，但是在计算纯利润的时候是不公开的，导致有的人拿的多，有的人拿的少，毕竟每个100万订单的项目花销不同，这样又造成了不平等。所以凡是利益相关的员工，都应该能参与到这个过程中，最起码要有知情权，能够知道不同的纯利润是怎么计算出来的，从而确定是否有人徇私舞弊，这就是民主性。

同样，透明性指的是某个制度到底对多少人公开，以及制定的标准是什么。比如计算纯利润，这里面必然涉及到一些专业算法，为了保证其透明性，不能只把结果和结论告诉员工，却没有解释具体的原因和过程，这样即使有员工参与进来也依然如同被蒙在鼓里，这就是透明性的严重不足。

第三，让每一位员工都有参与和表现的机会。

制度统一明确了，执行过程民主透明了，但这并不代表真正平等，因为如果只有部分人能接触到大客户，其他人只能接触到小鱼小虾，那么永远也拿不到高额的提成，这就涉及到一个参与权的问题。企业既然要激励员工创造价值，就得让每个人都有表演的舞台，他们之间可以存在竞争，但不能是不对等的竞争，要给予公平的机会和条件，这样员工的注意力才会从结果均等转移到机会均等上。打个比方，A店长和B店长竞聘区域经理，然而A店无论地理位置还是人员配备都比B店要好很多，销售业绩自然也不同，虽然看起来都有竞聘机会，但明眼人都知道A店长胜算更大。只有给予相同的竞争条件，大家才会认同企业给了他们同等的机会而非一个参赛名额。

员工是否得到平等待遇，直接影响到他们对领导者和企业的态度，而态度又关联着情绪，这种情绪或能推动团队凝聚力增加，或能促使团队分裂加剧，所以归根结底，员工的“不平等感受”是一种委屈、愤懑和憎恨的情绪反应，领导者必须要抓住这些情绪符号，努力消除，创造公平和公正的工作氛围，才能从根本上建立和谐凝聚的团队关系。

5. 允许合理的试错

有一个叫奥利佛的跛脚男孩，身为医生的父亲认定他也有成为医生的潜质，然而奥利佛却发誓绝不会当医生。在他15岁那年，父亲把他送到了英国著名的医学院，结果第二天他就退学跑到了法国学习绘画，后来在法国的艺术区租了间画室，白天作画，晚上和流浪艺人们混在一起。十年过去了，奥利佛的画始终无人问津，人们都说他缺乏绘画的天赋。25岁那年，父亲病逝，奥利佛不得不回国继承父亲的医务所，他本想卖掉医务所去法国继续画画，可当他闻到熟悉的消毒水味道时，忍不住思念起亡故的父亲，他决定继承父业。35岁那年，奥利佛凭借精湛的技术成为英国最著名的外科医生，被誉为“完美快刀手”。

或许在旁人看来，奥利佛走了一条弯路，但其实这是一个试错的过程。如果奥利佛直接学习医术，他不可能安下心来，因为他渴望成为的是一名画家，这种执念会让他分散注意力。只有在成为画家这条路走不通时，奥利佛才能安下心去做一名医生。

人生是不断试错的过程，同样，职场也是如此。不论什么岗位，都有选择墨守成规和颠覆创新这两个选项，前者不会出大问题，但也不可能有大成就，后者则是机遇和风险并存。也许从员工的角度看，哪个选项付出的代价越小就会选哪个，而如果一个企业的所有员工都抱有这种想法，只会成为一个平庸的企业，因为它失去了冒险精神和创新能力。

员工是真的恐惧试错本身吗？并不是，员工担心的是自己试错的成本。很多领导者不愿意让员工冒险，就是怕承担连带责任，不如按部就班地去做，至少不会犯错。但是这样一来，整个团队从上到下都会变得谨小慎微，而一旦形成思维惯性，这个团队就会变得失去生机与活力。

稻盛和夫的“阿米巴经营”是以人为本的一种经营模式，最突出的特征就是将培养经营人才作为企业的核心战略，因此对每一位员工都抱以宽容的态度，对员工的试错是鼓励的并给予必要的帮助，对待犯错的员工会尽量安慰：不要紧张，出了差错补救是第一位的，补救不了的部分，我们公司就要坦然承担。在处理完试错造成的影响后，团队会召开讨论会进行分析。通过这种温和的纠错模式，就能让员工在犯错后成长。

对于企业来说，试错可以看成是人才成本，就像做实验一样，不可能每次都成功，但没有这个积累的过程就不会有预期的结果。那么，领导者应该如何鼓励员工试错呢？

第一，敢于承担员工试错的成本。

企业培养出一个人才，虽然不保证会有流失的可能，但至少在一段时间内是企业的财富。何况人才并不是个个都喜欢跳槽，既然如此，企业就不能让员工给自己的试错成本买单，要敢于分担甚至全部承担，这直接体现在领导者的担当上。打个比方，客户想要一个设计方案，可以按照传统思路去做，但客户不会有惊喜，也可以按照创新思路去做，客户有可能会受到惊吓。那么领导者要想突破现有的局限思维，就可以鼓励员工尝试第二种选择并承担客户不满意的善后工作，这样员工才能放心大胆地去做，否则如果只是口头鼓励，大多数员工只能选择最保险的办法，那公司在创意能力上永远无法突破上限。

第二，包容员工的试错行为。

年轻人犯错，上帝都会原谅。如果一个员工是本着创新、创业绩的目的犯错，领导者不应该过分追究其责任，因为越是容易犯错的员工越有机会创新，而那些从来不犯错的员工，或者是干得少，或者是想得少，很难成为企业发展的中坚力量。当领导者宽容犯错的员工时，他们会感恩领导的大度，也会认真反省犯错的原因，从而在下一次尝试时提高胜算。而如果领导只是追究责任，员工只会将积极的态度转为消极。当然，试错要在合理的范围之内，如果员工是因为异想天开而犯错，领导者必须加以制止和批评，不能让试错变成“胡闹”。

第三，培养试错文化。

企业文化能感染员工，能够让一个团队统一认识，形成一种默认的行为模式，试错也是如此。如果只有少数几个员工愿意试错，多数人只是看热闹，这样的企业依然是没有跃迁机会的，必须让所有人都参与进来，这就需要在企业和团队内部建立试错文化，让大家把试错当成是一种需要甚至是一种习惯。那么，领导者就要通过集体活动向全员灌输这种思想，告知员工不要害怕试错，同时对试错成功的员工进行奖励甚至树立为榜样，这样就能潜移默化地影响员工对试错的态度，让他们遇到选择时敢于大胆尝试。

越是松软的泥土，越能促进植物的生长速度，企业也是如此，苛刻的工作环境只能让员工畏首畏尾，被限制到一个规范化的模具中，无法突破固有思维，更不敢推翻约定俗成的规矩，而这样的企业注定只能吃同行的残羹剩饭，永远不会成为引领者。

6. 给员工来一针“荣誉刺激”

如果你经常观看NBA比赛，就会发现NB明星中总有很多荣誉称号，比如“最佳助攻手”“最佳扣篮手”“篮板王”“最佳新人”等，这是有针对性地肯定某个人在某方面的突出之处，为的就是激发他们继续保持甚至超出以往的斗志。

马斯洛的需要层次理论认为，每个人都有被尊重的需要，当人们的尊重需要得到满足后就会产生自信，让他们认为自己在这个世界上有价值、有力量。那么，作为领导者，如果能当着其他员工的面赞扬另一个员工，就会给予员工最高的荣誉感。毕竟，每个人都有一定的虚荣心，而一个响亮的头衔和称号就能激励员工增强工作热情，这就是荣誉刺激。

荣誉刺激是一种有效的激励员工力争上游的手段。因为当员工受到赞赏时，会产生强大的精神动力，会为了捍卫这份荣誉而坚定地保持下去。所以，企业不妨设定“最佳销售新人”“最踏实肯干员工”“全勤标兵”等荣誉称号，突出荣誉的重要性，弱化奖金的鼓励性。毕竟，一段精彩辉煌的记忆是无法用金钱衡量的精神财富，一笔奖金也许很快就花完了，但一份荣誉证书可能会被珍藏一辈子。

海尔是一个善于用荣誉来奖励员工的企业。和同行相比，海尔的员工工资并不是最高的，可他们都有一种自豪感，这是因为海尔会直接用员工的名字命名他们的工作方法或者产品，比如“王德工作法”“李勇冰柜”等，这种荣誉感是奖金无法取代的，也就最大程度调动了员工的积极性。那么，领导者该如何使用荣誉刺激激活员工的斗志呢？

第一，认清荣誉的本质。

企业设立荣誉奖励，是为了让先进成员的付出有回报，通过树立典型来鼓舞士气，所以不能搞平均主义。现在一些企业为了平衡内部关系，强行让每个人都“沾荣誉的光”，这个月给A员工授予荣誉，下个月给B员工授予荣誉，这种轮班制度只能让荣誉的含金量大打折扣，失去应有的意义。因此，企业的荣誉奖励必须有严格的硬性指标，比如完成月度销售计划，或者客户满意度达到多少，这样既讲效益又能控制内部的竞争强度，避免因为争抢荣誉而发生内讧。

第二，荣誉授受仪式要正规庄重。

很多企业把荣誉奖励看成是走过场，毕竟它很少直接关联到利益，结果无法让员工产生足够的重视，而获得荣誉者也有期望落差，所以，颁布荣誉不能草率了事，要选择够规格的场地和够隆重的仪式，这样才能发挥它的激励作用，让更多的员工为之努力和奋斗。

第三，选择正确的荣誉奖励对象。

荣誉是奖励给有贡献的人的，而非奖励给有资历的人，所以不能在这个问题上论资排辈。目前很多企业都比较重视资历，认为一些老员工如果得不到荣誉奖，似乎这么多年就白干了，这虽然也是一种共情力，却会因为照顾几个人而影响更多的人，造成有资格获得荣誉的人心理不平衡。因此要果断放弃论资排辈的传统观念，大胆地奖励给匹配者。

第四，注意荣誉的分级。

荣誉往往是一个非物质层面的存在，所以在划分时难免混乱，最容易发生的情况就是领导和员工争抢同一个荣誉，这就会造成事实上的不平等。领导者可以获得荣誉，但和基层员工应该区分开来。在基层，应该以业绩、出勤率等指标奖励给一线员工，让他们知道自己即便没有功劳也有苦劳，而针对管理层则要以影响力、威信度等为指标，既有区分，又能针对性地引导。

第五，荣誉要适当和物质挂钩。

荣誉虽然是对精神特质的肯定，但也需要有载体，它不能仅仅是一张奖状或者一个奖杯，而是要和一定的物质刺激挂钩，当然不必像绩效奖那样数目庞大，但总要有所关联，这样员工才能更重视，也会产生足够强的自豪感。

授予员工荣誉是一个需要精心设计和执行的活动，其核心就是要尊重员工，这才是对员工自身荣誉感的共情，才能凸显获得荣誉之后的价值感。和其他激励手段相比，荣誉激励是一种成本低、效果好的激励方式，作为企业应当充分利用。而对于领导者来说，这也是一种团结队伍的最简单、最有效的手段，因为在共同荣誉的激励下，团队内部关系会更加和谐，员工会更重精神而轻物质，当所有人都关注自我的存在价值时，一个团队乃至一个企业就进入到良性发展的状态中，而那些为荣誉奋斗的员工将会爆发更大的潜能。

第七章

CHAPTER 7

塑造团队愿景

1. 为团队描述未来画面

1995年，日本阪神·淡路大地震之后，到处都是断壁残垣，各路媒体赶赴现场报道。当记者用控诉的口吻讲述受灾民众生活中的种种不便之处时，一位厂房尽毁的鞋子加工厂的老板面对镜头说了这样的话：“我们真正想要的是对未来生活的希望，如果对未来还能有所期待，那么我们就能克服目前的种种困境。”这番话感动了现场所有人，因为对受灾民众而言，如果失去了对生活的希望，那才是最大的“心理灾难”。

企业发展不可能一帆风顺，会有低谷期，也会有平淡期。但无论面对怎样的情况，领导者都应该为员工展示出一种勃勃生机的光明前景，给未来树立清晰的目标，这就是团队愿景的重要作用。

团队愿景是一种承诺和谋划，绝非是“画大饼”，二者的本质区别是可操作性和现实性。真正的团队愿景必然是符合客观实际的，而领导者对此作出承诺以后，就要以人格为担保带领大家去实现，这时团队愿景就能发挥指引目标、提供动力的作用。

有人认为，愿景过于虚幻，不如用眼前的利益驱动员工。事实上，眼前的利益虽然肉眼可见，但只能作用于短期，真正能激发员工工作积极性的，必然是长期利益，因为长期利益的总收益更大。而这种融入了梦想元素的憧憬会产生更为强大的精神力量，这就是激励。

美国心理学家赫茨伯格对200名员工调查后发现，最能让他们对工作感到满意的是“激励因素”，比如工作中产生的成就感、对未来充满期待等。由此可见，对团队未来的描述能力直接和领导力挂钩，自然也和企业的业绩挂钩。

有句名言：“你能看多远就能走多远。”现代企业的生存管理有一个重要理念：让企业透过充满风险和不确定的环境来把握社会发展的趋势，找准自己的生存定位，用未来指导现在。企业的生存策略如此，那么领导者就要在人才管理上贯彻这一理念，从而坚定员工对企业的信心，做好眼前的工作，加深员工和企业的绑定程度。

企业可以用钱购买员工的时间和劳动，但未必能买到员工的工作热情，更难以买到员工对事业的追求。所以，领导者要从建立团队愿景出发，提高员工的归属感，赋予员工使命感，从而调动整个团队的积极性。

第一，让愿景合理化。

团队设定的愿景必须限定在“必要性”和“可行性”的框架

中。必要性决定了是否要实现这个愿景，可行性则决定了愿景能否顺利完成。因此，领导者必须对自身从事的行业和市场有着清晰的认识和准确的判断，从而具备掌控完成团队愿景的能力。如果愿景被认为可行，那么员工就会对团队和领导者会产生正面的评价，认为管理层和决策层都是在为自己考虑，是真心做实事，这种认同感会强化员工的服从性，因为他们知道，只有配合领导工作，才能早日让描述未来的画面成真，这样的正向心态会减少上下级之间的猜疑、对抗甚至是敌视，会让员工心甘情愿地接受领导的指挥调动。

第二，让愿景体系化。

企业不管涉足哪一类行业，都要先了解业务的发展情况、产品的竞争情况，以及行业的发展趋势等问题，这些都是制定团队愿景的参照和依据。形成体系，就是让愿景贯穿到每一个工作环节中，让员工在接受任务时，考虑的是如何与未来愿景相融合；让员工在做个人计划时，也会考虑到如何为愿景贡献一己之力。一旦员工养成这样的思维习惯和本能反应，就会把团队愿景和个人理想有机地结合在一起，从而越来越难以动摇。

第三，让愿景被更多人接受。

完成愿景的主体永远是人，如果员工对团队愿景不能理解透彻，不能从认识上接受，就很难发挥他们的工作潜能，那么由人组成的团队将失去向心力和战斗力，从而导致愿景无法实现。当团队愿景被员工接受以后，他们会对团队更加忠诚，对于企业来说，这是最珍贵的无形财富。为了早日实现愿景，员工会对团队不离不弃，即便是遭遇了短期的挫折和环境的动荡，只要他们内心深处坚定对愿景的认同，就不会轻易离开团队。在这种心理定势下，领导管理员工也会变得更容易，因为每个人都培养出了大局观。

优秀的团队文化，总是尽可能激发员工的积极性、主动性和创造性，而团队愿景就是最有利的法宝，它通过一个美丽而真实的梦想，让员工和领导者都紧密地联系在一起，形成了一个利益共同体和追梦共同体，不仅给员工充分展现才能的机会，也在客观上提高了团队的向心力，让他们与领导者上下一心，与企业同舟共济，为实现愿景而努力奋战。

2. 干活前必须达成共识

企业想要获得业绩，就必须依靠员工能力的充分发挥，但凡成功企业的员工，他们所展示出的工作劲头一定是超出一般企业的，因为他们已经形成了良好的行为习惯。行为习惯是意识引导的，这个意识就是员工和企业的诉求达成了一致。如果企业无法和员工达成共识，就无法形成凝聚力，让整个团队变成一盘散沙。

那么，怎样才能和员工达成共识呢？领导者需要从四个方面入手：

第一，形成共同的语言。

有一句话叫“世界上最近的距离和最远的距离都在舌头上”，充分证明了语言的重要性。达成共识，需要依靠共同的语言，如此才能形成行动上的默契，此时领导者和员工之间是不存在距离感的。那么，共同的语言都包括什么呢？

在服务价值观上，员工和领导都认同客户利益至上，员工就会不顾一切地为了这个目标提升产品和服务的质量；在内部管理上，不看重职位和资历，更重视个人能力，这样员工就会免去心理负担，敢于提出自己的主张并成长为团队的中流砥柱；在对外策略上，认同“合伙人”制度，即企业和合作伙伴是平等互惠的关系，并不存在谁是上游、谁是下游的世俗区分，这是为了让员工为谋求共同利益而工作。

当员工在日常工作中和领导者形成共同语言之后，他们就会紧密地团结在领导者身边，作出符合企业价值观和团队利益的行为，因为语言是思想认识的延伸，会激励所有员工朝着一个方向努力，形成共同的话题，也就有了共同的目标。

第二，拥有共同的事物。

达成共识虽然是思想层面的，却受到现实世界的影响。有一家公司在招收新员工的时候，会送给每个人一个马克杯，这种人人一样的器具，让团队产生了某种凝聚力，他们觉得彼此是货真价实的战友，会产生认同感，这就是一个杯子的力量。从这个案例出发，团队内部可以通过共同的着装、共同的文具、共同的餐盒来形成统一感和认同感。

通过共同拥有的事物，在团队内部打造“都是自己人”的心理印象，从客观上推动共识的达成。有些企业不重视这些“细枝末节”的东西，认为是搞形式主义，其实正如当今人们常说的“仪式感”，有些形式上的东西可以影响心智，所以领导者只要稍微用心就能达到这个目的。

第三，产生共同的感觉。

共同认识虽然属于理性层面，但它需要借助感性的力量达成。当一家企业的员工不约而同地表示喜欢自己的工作、尊敬自己的领导时，就说明他们产生了共同的感觉，这就是达成共识的情感基础。

既然要作用于情感，企业和领导者就要多打感情牌，像海底捞那样，为员工提供良好的食宿待遇，弱化他们“出门打工”的感觉，强化海底捞就是他们远在异乡的家，这种温馨感会作用在每个员工身上，进而让他们发自内心地为之动情，这种良好的感觉会推动员工努力工作，并尽量消除工作中的分歧。所以，共同感觉不是虚无的企业文化，而是针对员工的真实行为，要处处落实在行动上，才能起到“内化于心，外化于行”的作用。

第四，保持共同的行为。

为什么华为崇尚军事化管理？因为军队里的士兵凝聚力是最强的，这不仅因为他们有着共同的使命，也因为每天都在参加共同的训练、共同的演戏、共同的教导，由此形成了步调一致的行为特征，这种特征构建了一个强大的组织，在这个组织内部没有私心杂念，只有共同的目标，所以才能在实战中攻无不克。

当然，企业未必非得通过军事化管理才能达到这个目的，也可以在日常工作中让员工潜移默化地成为“军营里的战友”。比如在开会的时候，所有人必须参加，哪怕会耽误工作，只有这样才能形成统一认识；在讨论产品方案或者团建活动时，每个人都要发言，确保他们的参与感，不要让任何人置身事外；在劳资关系上要保持同等的待遇，即使存在差异也是因为贡献的大小不同，而不能凭空造成不平等；在工作标准上，让所有人按照制定好的规矩来，对于不能向团队看齐的“独狼”，要纠正其思想。通过这一系列对行为的统一化，达成共识就成为必然结果。为此，领导者要在平时加强行为一致性的训练，只要借鉴军事化管理的几个关键点就能做到。

达成共识，绝不是员工口头上说的“我明白了”，而是要让他们形成下意识的反应，这并非是抹煞他们的个性，而是能够求同存异，在保持个体独立性的前提下愿意为了一个目标而努力，而这个过程要发生在工作启动之前，这样才能实现效率的最大化和团队状态的最佳化。

3. 组织愿景的作用是化解冲突

有人的地方就有冲突，再和谐的团队也难免会发生分歧。为了从根本上避免这种情况，团队需要一个清晰的组织愿景。组织愿景就是团队内部的共同愿景，它是以组织员工的共同价值观为基础。纵观那些能够长期保持竞争优势的企业，就会发现都有清晰明确的组织愿景，能够在关键时刻减少成员之间、成员和组织之间因为利益上的矛盾或认知上的冲突产生的抵触行为。

让组织愿景发挥作用，一个必要的前提是“有效”，需要具备以下三个特征：

第一，描述明确。

让所有人看清愿景的轮廓，才能强化它的真实感和存在感，从而在和组织或者他人产生冲突时，第一时间想到愿景，并为了这个清晰的目标而放弃眼前的纷争。美国西南航空公司从成立开始，就坚持设定很多不变的愿景，比如只生产一种机型的飞机并给先来的顾客提供座位。这听起来很简单，却让每一位顾客都能享受到快捷、低价且持久的服务。为了达成这个目标，组织成员就会目的明确地执行，在执行的过程中很难出现分歧，因为它清晰描绘了顾客应该享受到什么样的服务。反之，如果愿景是“让顾客宾至如归”就变得非常抽象，每个人对此会有不同的理解，也就很容易出现分歧。

第二，保持长久。

如今是一个高速发展的时代，这种变化既需要企业和个人不断适应新的环境，也需要他们保持核心的原则不变，而不能为了追逐眼前利益放弃组织愿景。同时，愿景维系的越是长久，就越能让成员之间形成默契，他们知道单靠自己不能走到终点，在这条漫长的路上必须依靠队友和团队，那么他们之间的冲突会不断减少甚至消失。

第三，富有个性。

人们不会为了一个雷同的甚至是烂俗的愿景而奋斗，因为它不够独特，也就失去了吸引力。所以成功的组织愿景往往是独一无二的，这样才能凸显它的价值感。打个比方，你想生产一种前所未有的产品，或者提供一项前无古人的服务，这种独特性就会让员工意识到它的意义所在，甚至会产生超过寻常人的自豪感，这就能成为他们坚持下去的动力之一。因为富有个性，成员之间也会更加认同彼此：原来你也像我一样有个性。这种心态会增强对彼此的包容感，即便发生冲突也会被控制在萌芽状态。

除了具备以上三个特征之外，领导者还要在内部采取化解冲突的相应手段，才能配合组织愿景更好地发挥作用。

第一，不要急于处理冲突。

有些领导过于敏感，一发现组织成员存在冲突，马上就着手处理，结果让原本并不大的事情被迫“升级”，这就是过于主动造成的工作方法上的失误。其实，多数的团队成员冲突并不严重，成员往往会从大局出发，避免矛盾激化，毕竟在职场上共事，多一个敌人对自己没有任何好处，这一类不严重的冲突可以“自行痊愈”。当然，领导者要准确判断冲突的尖锐程度，如果不确定冲突双方是否真的和解，可以通过向其他成员侧面了解之后再做决定。

第二，通过联络小组解决纷争。

化解团队冲突的一个原则就是，领导不要轻易出面，因为一旦出面就会给人冲突升级之感。如果冲突双方不愿讲和，那么领导可以采取用“中间人”调节的办法去化解，比如联络小组。这个小组只需要1～3个人即可，通常由团队中人缘比较好、沟通能力比较强的人担任，他们会在领导者的授意下了解冲突双方的矛盾点所在，然后报告给领导，领导予以解决，并通过联络小组告知冲突双方：为了完成组织愿景要化干戈为玉帛，切勿激化矛盾。一般在中间人的调停下，大多数矛盾也都能顺利解决。

第三，采取强制措施。

如果冲突双方互不相让且不听从联络小组的意见，那么为了避免事态扩大，给企业的日常运营带来负面影响，此时领导者就必须亲自出马，了解矛盾双方互不退让的原因，通过对双方在平时的了解采取针对性的解决方案。总之，领导者这时要拿出强硬的态度，不能允许矛盾继续扩大，特别是要以组织愿景为劝和手段，如果双方无视愿景的重要性，那么就要根据相关制度进行惩罚，必要时可以开除矛盾的一方甚至双方，否则冲突会波及到团队其他成员乃至整个企业。

归根结底，组织愿景是否对团队成员有感召力、黏合力和劝导力，是领导能否快速化解冲突的关键，所以工作重点依然要放在设定组织愿景上，切勿将极端的工作方法当成解决冲突的关键，这样无益于团队的长期稳定。对员工而言，组织愿景是企业对发展前景和方向的高度概括，是一个可以抛开成见并结成统一战线的“超级目标”，能让他们不计得失、不计前嫌地团结在一起，化解心结，因为他们明白，唯有上下齐心、比肩而行，才能让愿景成真。

4．深度融合才有深度挖掘的潜力

企业愿景，并非只是指引员工奋斗的终点线，还是激发员工潜能的催化剂。如果企业能够把愿景融入到员工的日常工作中，就会让他们主动磨炼技能，提高工作意识，在这方面亚马逊的创始人兼首席执行官杰夫·贝佐斯便是正面典型。

贝佐斯在和股东打交道的时候，总是为他们描绘有关未来的图画，这些图画往往是美丽而吸引人的，比如“让我们的房子建设得井井有条”这类。听起来是在夸夸其谈，但其实是让股东坚定追随亚马逊的信念，让他们从单纯的谋求利润变成了建设家园，这就增加了无穷的工作动力，以至于多年以后，大家对这些企业愿景仍然倒背如流，因为它已经融入到大家的生命之中。

很多企业并非没有愿景，而是对愿景的描述比较抽象和笼统，没有赋予感情，自然就达不到愿景应有的作用，反而会让团队成员产生迷惑甚至造成混乱，把愿景和任务混为一谈。显然，二者的区别是非常明显的：愿景是团队长期要达到一个状态和高度，是宏观目标，而任务是团队短期内要完成的计划，是微观目标。当二者混淆时，员工自然会觉得短期工作难以激发自身潜质，也缺少足够的说服力，这是再正常不过的了。所以，领导者要在话术中区分愿景和任务，这样才能给员工指出一条清晰可见的道路。

失败的企业，往往都是不善于制定和描述愿景的企业，原因很简单，他们没有真正和员工共情，不知道怎样才能打动他们。

给予员工清晰的愿景，就是对员工的尊重，因为这代表着你认真揣摩了他们的心态，这个愿景就是为他们量身定制的，他们当然愿意融入愿景之中。

企业管理的本质就是创造效益，简单说就是实现投入和产出比的最大化，所以管理质量的优劣直接体现在员工活力释放的程度上。善于进行人员管理的企业，都是擅长激发员工潜能的企业，而激发的关键是如何把愿景嵌入员工的工作、生活乃至整个生命之中。

有人推测，普通人的智力开发仅有自身潜能的1%，甚至像爱因斯坦这样杰出的科学家，智力开发也只有大脑潜能的4%。因此，企业的领导者要对愿景的设置、描述和执行研究透彻，这样才能起到挖掘员工潜力、释放活力的目的。想要达成这个目标，要持之以恒地坚持以下五点内容：

第一，清晰而形象地展示企业愿景。

将愿景描述清楚，是与员工深度融合的前提，因为员工会在融合之前先判断这个愿景是否值得融入他的生命和生活中，如果是一个“糟糕的愿景”，只会取得反效果。打个比方，你是一个咖啡店的老板，给员工描述的愿景应该是“通过人和产品打造卓越的客户体验”。这里“人”就是在暗示每个员工都是愿景的一部分，也是愿景能否实现的关键性因素，所以员工看到这里就会意识到自己的重要性，也会为了愿景而实现自我提升。那么，糟糕的愿景是什么呢？比如“客户最爱的咖啡店”，这个作为营销话术没问题，但对于组织内部而言就太过抽象，因为客户喜欢来可能是因为便宜，也可能是因为环境好，未必和员工有直接的关联，这样员工就无法融入进去。

第二，帮助员工规划个人的发展愿景。

企业愿景和个人愿景虽然是两个概念，但他们是相互依存的关系：个人愿景的实现要依托企业愿景，而企业愿景的达成也要通过个人愿景的实现。简单说就是：我为企业，企业为我。只有确定这样的逻辑关系，员工才能真正认同企业愿景，将二者无差别地融入个体成长中，让自我提升的轨迹和企业发展的轨迹重叠在一处。

第三，优化企业的工作流程。

工作流程是实现企业愿景的过程，也是员工把愿景融入职业生涯的必经阶段。如果在这个阶段出现了大量低效率或者无效率的工作，就会导致员工对愿景能否实现的怀疑与困惑，甚至会彻底推翻他们对愿景实现的信心。打个比方，团队内部不配合，领导不愿调动资源给任务重的员工，汇报环节繁琐……这种不利于成果实现的工作流程会造成严重的内耗，耗费资源和时间，更耗费员工的积极性，他们又如何能融入企业愿景之中呢？

第四，制定清晰的工作标准。

如果把员工看成是实现愿景的一颗螺丝钉，那么员工自身的站位就是螺丝钉该拧进去的地方，这样才能让员工知道自己在做什么并明确相应的标准，从而以最优的方式去工作。如此，企业的运营效率才能提高，因为员工把激情融入工作中，把工作融入愿景中。相反，杂乱无章的工作标准无法让员工沉下心去工作，愿景也会距离他们越来越远。

第五，打造与企业管理相配套的企业文化。

愿景的实现必然是一个长期而漫长的过程，只有打造良好的团队风气，才能让员工心往一处想，劲往一处使，用积极健康的心态去工作，减少内斗，团结一致。这些都离不开健康完善的企业文化，而企业文化关联的是良好的团队建设，让员工形成战友意识和家人意识，把企业愿景当成“家务事”，从而绑定员工之间的关系，通过人员的深度融合推动愿景和整个团队的深度融合。

企业愿景虽然不能在短期内创造价值，但它对于企业持续、稳定的发展有着重要作用。身为领导者，要重视每一个员工在实现愿景中发挥的作用，只有尊重他们、了解他们，才能打动他们，从而引爆全员的潜质，让愿景成为现实。

5. 领导者的魅力能黏合队伍

战国时期，韩国与赵国发生战争，因为实力相差不大，所以两国都派出使者前往魏国借兵，如果谁能借到兵谁就胜券在握。面对韩赵两家，魏王思考再三，没有答应任何一方，两国使者只好悻悻离开。然而他们刚回国，却听到了韩国和赵国停火的消息，原来魏王已经派人从中调停，解决了韩赵两国的纠纷，韩王和赵王都对魏王感激涕零。

面对韩赵两国的冲突，魏王本可以压注其中一家，也可以两不相帮坐收渔翁之利，但他没有这样做，反而是以调停者的姿态，抱着公平的原则，通过巧妙的周旋，最终让韩赵两国化干戈为玉帛，而在这个过程中魏王并非毫无所获，他成功地确立了自己的主导地位。如果抛开国与国之间的关系，这种高明的劝架艺术也可以理解为一种领导艺术，更是一种人格魅力。

任何一个团队都难免发生内部冲突，即便没有冲突，也会存在松散、不配合的情况。作为领导者不要害怕这种现象的发生，也不能对此置之不理，而是要学会黏合队伍，这样才能确保团队的正常运转。不过，有些领导者在黏合队伍方面缺乏清醒的认识，要么在解决冲突时偏袒一方，要么在团结队伍时随意树立典型，看似解决了问题，其实不过是转移成隐藏更深的矛盾。

黏合队伍的最终目的是让团队放弃隔阂和私心杂念，所以领导者既要保持公平客观的态度，也要顾及每个团队成员的面子和感受，从而凸显自身的人格魅力，这才是黏合队伍的关键。那么，领导者的魅力体现在哪些方面呢？它们又如何起到黏合队伍的作用呢？

第一，做事低调。

身为领导，如果没有架子，平易近人，就会让员工产生好感，员工有心里话也会对领导和盘托出。这样一来，领导就更容易了解每个团队成员的思想动态，从而在发生冲突时能够快速找到矛盾点，在黏合队伍时也有了明确的调整方向。而且，做事低调的领导会让员工更有安全感，即使有人犯错，也不会担心领导大张旗鼓地公开批评，相信领导会给自己保留颜面，这样也会让员工和团队黏合得更加紧密。反之，高调的领导总会在无意中棒杀或者捧杀员工，让整个团队陷入到尴尬和不知所措的状态中，难以打造一支生命周期长的团队。

第二，以身作则。

领导是团队的表率，这不在于领导说了什么漂亮话，而是在于领导做了哪些实事。因为员工总会暗中观察领导的表现，如果发现领导只是说空话的人，自然就对团队乃至整个企业失去了信心，之前设定的企业愿景或者组织愿景也就成了画大饼。相反，如果领导能够身先士卒，自然也会激励员工努力工作，不计较一时的利益得失，因为领导都能豁出去，身为执行者的员工还有什么舍不得的呢？这种积极的工作氛围会让团队更具凝聚力。

第三，风趣幽默。

一个幽默的人往往有着好人缘，而一个幽默的领导也容易构建领导力，因为只要他讲话，员工就愿意听，自动自觉地接受领导的理念输出，从思想认识上和团队保持一致。而且，因为幽默感的存在，领导更容易化解员工之间的冲突，让原本紧张的氛围变得轻松自然，领导也能以幽默的措辞更好地与下属沟通，拉近彼此的距离，受到广大员工的欢迎。

第四，敢于担当。

如果领导只是敢冲敢拼却把责任推给下属，这样的表率不要也罢。对员工来说，领导并不需要时刻冲在前面，但需要在出现问题时敢于担当，这才是团队的主心骨。而且，这种担当感是可以影响整个团队的，会让大家自觉地产生责任意识。另外，领导的担当感在私下交往中会被认为是“讲义气”，这样的人即便不是管理者，也会成为很多人择友的首选，会让员工发自内心地喜欢他，那么整个团队也会越来越和谐。

第五，懂得人心。

一个冷冰冰的领导，即使具备了责任感并且行事低调，员工依然不会喜欢，因为这种领导缺乏温度感，没有人情味。人是有情感需求的，哪怕是在职场上，人们也希望领导有温情的一面，而不是永远保持上下级的严肃关系。所以，领导者要多和员工主动沟通，要学会共情管理，及时发现员工遭遇的困境并给予帮助，哪怕只是换一张办公桌、报销一次打车费这样的小事，也会让员工铭记在心，和领导在工作中建立特殊的友谊。

第六，洁身自好。

一个领导者只有保持自身的纯洁性，才能确保团队的纯洁性。有些领导倒也不是贪污受贿之辈，不过是喜欢占一点小便宜，对于员工赠送的小礼物和吃请比较上心，结果这就在团队内部植入了一个毒瘤，让所有人都认为必须给领导“进贡”才能拥有光明的前途。哪怕数额不大，哪怕次数不多，这个毒瘤的危害性也是可怕的，不仅会摧毁领导的个人形象，更会玷污每个员工的心态。所以领导者要保持洁身自好，不仅在面对物质诱惑时守住底线，在生活作风上也要不越雷池，这样才能赢得团队的尊重和爱戴。

企业的核心竞争力，归根结底比拼的是人力资源，而人力资源的黏合就是将这种竞争力最大化的主要手段。一个团结的队伍就如同一个攥紧的拳头，永远比松开的手掌更有杀伤力，而领导者就是操控这只手的关键。衡量一位领导者的能力，并非只看其工作业绩，更要看重他在员工中是否有足够的气场，也就是其领导魅力的大小，这虽然是不可量化的，却能被每一位员工察觉到并形成相对统一的感知。在领导魅力的作用下，员工的冲突更容易被化解，团队也更容易拧成一股绳，形成一个具有向心力的战斗集体。

6. 引导员工走出舒适区

兰柏瑞是一位西班牙教授，1984年他从波士顿大学毕业，学的是计算机科学专业，从事的是相对稳定的编程员工作，每天都活在自己的舒适区里。有一天，兰柏瑞的朋友邀请他去做投资，他原本有些抗拒，但是想想一辈子做编程员也实在枯燥无聊，于是就迈开了走出舒适区的第一步。然而兰柏瑞很快发现，生性木讷的自己实在是不善于和陌生人交流，但他也明白如果不进行突破，自己永远都只能是一个编程员，就这样，兰柏瑞不断挑战自我，最终在24岁时成为了一家投资银行的董事，后来又开始创业，成立了一家从事客户管理的软件公司，之后又创办了一家创投私募基金。兰柏瑞不无感慨地表示：并非每个人都有这种锻炼机会，你需要做的只是每周找一个人聊天，一点一点走出舒适区。

兰柏瑞本来过着安逸的生活，但朋友对投资行业的描绘让他终于动心，就这样一步一步地引导他走出舒适区，最后成为投资大鳄。

绝大多数人生性喜爱安逸，因此在很多人心中就有了“舒适区”的概念。他们认为在这个区域里是安全的，而要走出这个区域，就需要一种强大的外力。当然，外力有很多种，可以是逼迫，也可以是引导，那么对于企业中的员工而言，引导他们走出舒适区比逼迫他们效果更好。

对于领导者来说，逼迫员工去做他们不愿意做的事情，通常只会引起他们的反感，甚至会被误认为企业是在压榨员工，也不利于塑造团队愿景。实际上，聪明的领导者不会在“为什么要走出舒适区”上做文章，而是把“如何走出舒适区”划为重点，配合适当的激励措施，员工就会比较容易接受。

打个比方，领导要让一个长期做内勤的人去跑外联，如果动员对方“做外联比做内勤要好”，对方很可能不会被说服。而如果是将沟通的重点放在“你只需要三步就能做好外联，给公司和你自己创造更大的价值”上，那么对方会更容易被说服。所以从这个角度看，引导员工走出舒适区的关键在于描述舒适区之外的美好，而不是否定舒适区。

或许有的领导者并不理解，如果没有特殊需求，让员工停留在舒适区有什么不好呢？现实的情况是，员工在舒适区停留太久，一来会造成动力不足，二来会产生信息闭塞，三来会让整个团队行动僵化，只有让人员适当地流动起来，才能把死水变成活水，提升团队的活力，增加企业的效益。

在引导员工走出舒适区之前，领导者要学会共情，了解他们为什么抗拒走出舒适区，这往往和两个问题密切相关。

第一个问题是走出舒适区代表着错误更多、收益更少。

在一个自己熟知的领域内，虽然有利有弊，但因为足够了解，可以尽量让利益最大化、弊端最小化，比如那个做内勤的员工，他知道要处理公司的杂务少不了遇到各种纠纷，但他毕竟积累了一定经验，即使遇到问题也能轻松化解。然而让他去做外联的话，他因为缺乏经验，很可能在起步阶段处处碰壁，很难做出业绩，在领导和团队中也就失去了分量。

领导者要想打消员工的这个顾虑，就要作出相应的保证，让他们不必担心因为犯错而受到惩罚，免除他们的焦虑，然后再告诉他们做好了会有奖励，这就是让利益最大化、弊端最小化，员工衡量一下就会觉得“划算”，从而实现了引导的目的。

第二个问题是走出舒适区代表着一切未知。

有些员工对舒适区以外的事物是有好奇心的，也不太担心利害得失，而是担心自己面对未知的区域不知道从哪里下手。这是人类对未知世界的本能规避，那么领导者就要变身为向导，用自身积累的经验和掌握的非对称信息告诉对方：未知的世界其实很精彩，远比你目前所处的舒适区更吸引人。此时员工的心态若有所动摇，领导者接下来就要承诺：团队会有人帮助你，通过他们你也能了解并学习到更多的新鲜事物，有助于个人成长。这番话术既能消除员工的忧虑，还为其规划了新的个人愿景，同样起到了引导的作用。

其实很多时候，员工走出舒适区的最大阻力往往来自于组织的惯性，而非人性中的负面因素，比如有的团队本身作风保守，很难接受新生事物，领导者思想僵化，在这样的工作环境中突然提出“走出舒适区”的概念，员工当然很难接受。所以除了对员工自身做好思想工作之外，还要为他们打造一个能够不断适应变化的工作环境，打造具有“进化性”的团队氛围，让员工每天都可以尝试新的工作方法、操作设备和挑战项目，从客观上改变他们对非舒适区的抗拒心态，这时只要稍加引导就能达到目的。

企业要实现业绩增长，团队要提升战斗效能，这些都意味着要不断进行尝试和改变，而在这个过程中必然会遇到各种阻碍。当阻碍的因素是人时，领导者就要学会引导员工顺着企业和团队的新方向发展，让他们意识到这种改变是积极的，他们所承受的损失可以被控制到最小，这就是先设定目标，再明确收益，最后降低启动阻力的过程。当领导者完成这一系列环节之后，员工会不由自主地走出舒适区，迎接崭新的未来。

第八章

CHAPTER 8

如何塑造共情领导力

1. 洞察先机：华生，你发现了盲点

想要将一个团队充分动员起来，建设成一个强大的组织，与领导者的洞察力密切相关，因为它决定了领导者能否观察业界的发展脉络，能否找到竞争的突破点，以及如何打造特立独行的组织风格等。可以说，无论从生产还是到管理，每一项事物都和领导者的洞察力息息相关。缺乏洞察力的领导，等于让团队变成了“半盲”，可谓寸步难行。

洞察力的核心定义是什么呢？主要分为两个层面：从宏观上能看清时代和行业，从微观上能看透人心，就管理而言，后者的意义更为重要。如果用形象的说法解释，洞察力就是能够对一个山洞进行透彻的观察，原本山洞越深入的地方越是黑暗，可具备了洞察力，这些都不再是障碍，它能体现出一个人在认知、情感和行为动机方面的捕捉与分析的能力，简单说就是可以透过现象

看本质。

精神分析学派的创始人弗洛伊德说过，洞察力就是将无意识变为有意识。有洞察力的领导能够看出员工热情洋溢的背后是对组织的不满，能够发现团队和睦之下暗藏的矛盾，所以就能先人一步，把问题扼杀在摇篮里。当然，洞察力并非玄学，从心理学的角度看，它就是察言观色的能力，而作为一个领导者，就要把企业管理和洞察力相结合，目标是促进团队和谐并带动团队发展。

洞察力有如此多的好处，但这项能力并非一朝一夕间就能拥有，需要一个长期的培养过程。在这个过程中，领导者只有积极主动地发现未知事物，才能从中获得机会和启发，而如果只是循规蹈矩，坚持经验主义，那么视野就会变得狭窄，难以觉察到易被忽视的细节。总之就是要从心出发，用脑决断。

从心出发，指的是洞察力要以共情为前提，要先去感知对方的内心世界，而不要急于作出理性分析，因为这种分析是脱离人性和人心的，自然不会准确。当然在共情之后，作出的决策不能仅凭热血上头，而是要依靠理性，设计出对双方都有利的方案，这样才不会出力不讨好。

有洞察力的领导者，总是有着不错的群众基础，因为他们不会在员工情绪低落时开批斗会，也不会在员工状态不佳时安排紧急任务，他们会替员工着想，然后制定最合理的解决方案，不提倡冷漠无情，也不推崇妇人之仁。一个领导想要培养自己的洞察力，就要做好以下三点：

第一，经常性地观察与倾听。

洞察力需要从小事做起，也需要从身边事做起，身为领导要观察员工每天都有什么变化，不能只流于表面，要善于抓住细节和特点。比如，看到员工穿着新衣服，就误以为员工心情不错，却没有发现新衣服沾着油渍——员工昨晚可能没回家，那么是不是出现了情感纠纷或者其他事情？同理，员工接受任务时口号喊得响亮，却坐在电脑前发呆，这说明员工并没有做好挑战任务的准备，领导就要马上调派人手去协助或者换人。简单说，如果你认为自己发现的“盲点”明眼人都能看到，那它大概率不是真正的盲点，只是假象而已。

第二，永远保持冷静客观的态度。

领导者只有时刻保持清晰的思维，才能在全面了解事物的基础上进行缜密的分析，通过对不同事物的比较分析，才能从中找出各个事物之间的差别和关系，从而拥有独特的切入视角，掌握事物的基本规律。打个比方，你想把团队拆分成几个项目小组，如何科学地组合成员呢？有的领导会让员工自己选择，有的领导会根据能力强弱搭配，但这些方法都存在局限性，而你完全可以独辟蹊径，询问这些成员对接过的客户，让他们来描述哪些人组队时响应速度最快、执行效果最好，这就是抓住了“企业是服务客户”的精髓，换了一个独特的分析视角。

第三，绝不放弃用同理心理解人性。

共情力的核心是理解人性，而非批判人性。领导者面对每一个员工，都要抱着“他们是人难免犯错”的认知前提，不要急着去批判或者劝说某个员工，而是要尝试理解对方的做法，这样才能养成共情思考的能力。比如，某个员工在每次分红时都会认真核对甚至找领导再三确认，如果不深入了解可能会觉得这是一个过于看重物质回报的人，甚至会劝说对方要看淡名利、重视团队和谐，然而真相却是这个员工有弟弟妹妹要供养，所以领导的共情管理就是给该员工多参加项目的机会，这样既能历练对方，还能名正言顺地获得收益，再辅之一些关怀，员工能不死心塌地地追随团队吗？

如今是一个浮躁的社会，也是一个复杂的社会，很多人并不愿意袒露自己，甚至冒着被人误解的风险躲藏在一张张面具之下。如果领导者能够发现那些隐蔽在深处的真相，不仅是解读人性的成功，更是找到了企业管理的密钥，因为洞察力就是领导力，而领导力会提高生产力，人心就是企业管理的最终目的地。

2. 勇于决断：启动“战斗或逃跑”决策机制

对于领导者来说，敢于决断和善于决断，是必备的管理素质。所谓决断力，指的是在遇到事情时能够快速判断并作出反应的能力。然而在一些企业中，领导者就像是坐在船上，占着位置却不掌舵，也不想划船，而是顺水漂流，如果是风平浪静倒还好，可一旦遭遇大风大浪或者遇上暗礁岩石，这艘船就会因为领导者的不敢决断而沉没。当然还有些领导者，他们也不是无所作为，而是善于“打太极”，看似口若悬河却言之无物，同样会害了一起坐船的人。

从心埋学的角度看，人类的生存本能中存在一个“战斗或逃跑”机制，也就是面对危险时要么选择战斗，要么发现打不过就撤退，这就是最原始的决断力，它的核心要求就是两点：快速和准确。事实上，企业参与市场竞争也是如此，很多时候风向突变，只有在短时间内作出准确的判断才能让企业幸免于难，而越是托延越会让危机扩大。当然，“战斗或逃跑”机制随着人类的进化，从本能发展成为一种思维力，决定它的不是性格，而是责任意识、担当精神以及综合素质，只不过，性格懦弱的人更容易倾向于拖延思考。

领导者的决断力关系到团队的生死，这样的压力导致一部分领导者不敢轻易下达命令，但恰恰是这种“谨慎”反而会给团队带来灾难，因为市场竞争就是不进则退，有时候哪怕一个不完美的指令也比不作为效果更好。身为领导者，优柔寡断不是对团队负责，而是给团队惹祸。

1964年，真皮皮鞋成为了当时消费者的新宠，然而美国杜邦公司却没有意识到这个变化，仍然沉浸在行业翘楚的自我美梦中，继续生产合成式皮革产品，结果消费者越来越不买账，当杜邦公司意识到问题的严重性时为时已晚，在1971年整整损失了1亿美元，最后不得不退出市场。

没有决断力的领导者无法为企业获得新生的契机，这是缺乏信心和勇气的表现。决断力可以培养，可以在实践中历练，具体可以通过三种方法：

第一，决断力的根本——提升责任感。

当一个领导者总能置身事外时，永远也无法具备决断力，因为没有危机感，自身的潜能就不会被激发，面对外界的威胁也是“镇定自若”，无法和员工共情，更无法为企业的根本利益着想。所以，领导者要先提升责任感，把自己当成是团队的第一负责人，把员工当成自己的士兵、家人或者学生，自己的一举一动都可能成全或者葬送这支队伍，有了这样的认知前提，才能在遇到危机时立即绷紧神经，逼迫自己作出决断。

第二，决断力的土壤——广开言路。

一个人的智慧终究是有限的，领导者如果担心自己的决断不够正确，也可以在有限的时间内争取员工的意见。当然这个征求范围一定要缩小，要选择那些有智慧、有经验的员工，让他们发表意见，从各种方案中选出最佳的选项。当然，这种广开言路的办法不适用于那些突发事件，但可以在平时的日常工作中常态化开展，为的就是丰富领导者的头脑，扩大自身视野，这样危机来临时就有了必要的准备。所以，决策的民主化、科学化也能催生决断的精确化和快速化。

第三，决断力的精髓——保持独立思维。

领导者想要拥有主见，在平时就必须保持独立思考的能力，不要盲目跟风，也不要盲目听从意见，要在实践中积累属于自己的经验，避免“小马过河”式的集思广益，这同样会危及企业的生存和发展。特别是在生死攸关的至暗时刻，要敢于相信自己，一旦做出选择就要坚持到底，半途而废的“修正”比一往无前的“鲁莽”更可怕，只有争分夺秒才可能把风险降到最低。

领导工作面对的是纷繁复杂的信息，处理的是纵横交错的关系。在一个计划永远赶不上变化的时代，领导工作必需依靠领导力的牵引才能适应客观环境，变被动为主动，变消极为积极。而员工身边有这样的领导，也就有了主心骨，整个团队也会培养出审时度势、捕捉时机的能力，从而增强企业整体的生存力和战斗力。

3. 百折不挠：受挫时你应该想什么

一个遇到挫折也能百折不回的领导者，才能带领团队风雨兼程、攻坚克难。

挫折是一块磨刀石，经历得越多，就越能磨练一个人的意志。如果领导者面对挫折时轻易选择妥协，就不配成为一个团队的领袖，因为对一些员工来说，如果企业遭遇巨大挫折，自己还有辞职作为退路，而领导者此时的表现就尤为关键：能扛住压力，员工也会信心满满；临阵退缩或者萎靡不振，员工也会做好跑路的打算。

近几年，越来越多的人看重“逆商”的重要性。什么是逆商？是人们在遭遇挫折时的反应以及如何摆脱逆境的能力。一个领导者除了要有高情商之外，也要拥有高逆商，这样才能提升解决问题的能力，做一个不会被压力吓倒的管理者，这样才能给员工树立一个好榜样，点燃员工的斗志，这就是精神力量创造的感染力。

褚时健，曾经如日中天的烟草教父，后来却因经济问题入狱。遭遇如此反转的人生境况，褚时健还是熬到了保外就医的那一天，他和老伴远离人群和城市，来到荒凉的哀牢山，以75岁高龄再次创业，成为了“褚橙”的水果教父，潘石屹、王石等知名企业家都纷纷捧场并赞颂褚时健的精神，让他获得了不输当年的社会知名度。如果褚时健只愿意用脆弱去对抗命运，或许他在人们眼中就是一个彻头彻尾的残年老者了，不会带给人们任何感动和激励。然而，当褚时健把脆弱藏在心中，用实际行动展示他的不屈不挠，也让他的人生在圆满中落幕。

想要修炼“逆境重生之力”，可以从三个方面入手：

第一，树立阳光的心态。

心态虽然不是方法，但它能决定一个人在面对挫折时是否愿意寻找方法。事实上，每个人身上都有天然的正能量和负能量，从而导致是在面对同一个问题时会产生截然不同的认知：当你心情好的时候，回到家发现孩子把玩具弄得满地都是，你可能会哼着歌把东西收拾好；当你的团队业绩垫底时，回到家看到满地狼藉，最想做的恐怕是把孩子拉过来暴打一顿。情绪和心态有直接的联系，如果你能乐观地看待利益得失，即便业绩垫底也不会迁怒于他人，因为你要做的是提升自我、解决现实问题。

其实，塞翁失马，焉知非福。当不如意的事情已然成为既定事实，抱怨毫无意义，不如耐心地让子弹再飞一会儿，即便没有转圜余地，也不必把自己逼进绝境。

作为领导者，并不要求在专业技术上超过员工，毕竟领导多是脱产的，但一定要在心态上强于员工，否则何谈领导队伍。心态好的领导，都是在日积月累的工作中逐渐培养的：面对迟到的员工耐心教育并查找原因；遇到难缠的客户顺着对方再想办法调和；定好业绩指标先鼓励团队再一个个攻克……平时的不骄不躁就能养成良好的心态，成为自己精神世界的主宰。

第二，怀揣感恩之心。

有些领导者不愿意面对压力，是因为自己可以找下属背锅，或者是有背景、有靠山，大不了象征性地受到一点惩罚，也不会伤筋动骨。但如果这样思考，就把抗压的责任全部推给了员工，殊不知领导有领导的压力，员工也有员工的压力，他们本身就承担着在一线工作的责任，此时再背上领导丢过来的大锅，如何能喘过气来呢？作为领导者要能随时能与员工换位思考，当你发现挫折之下员工过得更不容易时，会于心不忍，主动分担一部分压力，在员工看来，这样的领导才是真正体贴的领导，愿意替员工扛下难题，员工自然也愿意为领导分担压力，这样大家齐心协力，还有什么攻克不了的难关呢？

怀揣感恩之心，看似和抗压无关，实则能够触动团队所有人的感情，让大家意识到有压力共同承担，不要顾虑谁是最终的“背锅侠”，而是把注意力放在解决问题上。当团队统一这种认识后，再大的难题也会在强大的集体共鸣下一一化解。

第三，培养学习力。

对抗挫折除了要有良好的心态之外，更要有实际解决问题的手段，这就和自身的学习力有关。有些领导遇到问题时向后退，未必是真的恐惧，而是对自身能力的不自信。那么，想要培养这种自信，就要在平时积累业务知识并达到驾驭的能力，可以不够精通，但能从全局上掌控，这样就不会被动，至少能够在员工提出建议时作出专业的判断。

学习力的养成离不开自律。很多领导者在熬上宝座以后，放松了自我要求，躺在功劳簿上吃老底，这就会麻痹自我，减弱学习的意识，时间一长就变得对业务生疏、对市场迷茫，遇到问题自然就不知所措。只有多学习多提升，才能武装头脑，知识和经验丰富了，对抗挫折的胆量和底气也就充足了。

身居高位，驰骋职场，总要遇到一些无法预料的危机，这时最要紧的是不让头脑一片空白，要稳定心态，积极寻找破局的关键。如果领导者习惯了消极面对挫折，就会让团队变为一支弱不禁风的队伍，注定成为市场竞争的输家。阿根廷不相信眼泪，职场上同样如此，一个领导者只有正面迎击困难，才能在若干年以后被人这样议论："我跟这个人共事过，能扛事儿，有担当。"

4. 凝聚人心：带头人要有亲和力

生活中我们总能看到这样的现象：有些领导即使离职了，仍然会被很多曾经的下属想起，而有些领导虽然在职，员工在背地里却经常表达出不满甚至对领导的指令阳奉阴违。显然，这就是能否凝聚人心的差别。正如孙权所说："能用众力，则无敌于天下矣；能用众智，则无畏于圣人矣。"

领导的作用不是单枪匹马地和对手厮杀，而是凝聚整个团队，借助团队的力量去创造价值。所以团队的能力是否能正常发挥，和领导的管理能力密切相关。

凝聚人心的方法有很多，有的领导者靠合理的物质奖励，有的领导者靠巧妙的激将法，也有的领导者善于带动士气……不过，在千万种方法中，利用亲和力带队伍才是最佳的选择。其他的方法都有或多或少的副作用：物质奖励需要拿出真金白银，一旦让员工养成“向钱看”的习惯，你的对手也能轻而易举挖走你的精英；激将法只适合少数的场景，而且用的次数越多效果就越差；带动士气需要天时地利，如果只是一个小项目就不宜采用。但是亲和力不同，它是客观存在的，属于领导者的“被动技能”，不需要借助环境、气氛和情绪去调动，只要领导者站在员工身边，大家就会紧密团结在其周围。

到底是什么亲和力？简单说，它是一个人人格魅力的体现，通常会表现出幽默、谦和、智慧、爽快和诚信等特征，能够反映出一个人的感召力、沟通力和影响力，虽然是一种无形的存在，却能产生具体的作用。打个比方，两个员工为了利益吵得不可开交，没有亲和力的领导去劝和反而火上浇油，双方都抓着领导告对方的黑状，但是有亲和力的领导就不同了，只要往双方中间一站，说几句劝和的话，双方的火气顿时就被压了下去。

领导者如何提升自己的亲和力呢？主要体现在五个方面：

第一，尊重下属。

这种尊重是发自内心的，一定要放下架子，不能在员工面前表现出唯我独尊的样子，要真正让人感到如沐春风，而不是面子上过得去。比如，和员工打招呼的时候，可以顺便称赞一下员工今天的穿搭很有职业范儿；再比如路遇员工的时候，可以闲聊两句，这样就能让员工主动放下对上级的恐惧感和距离感。当领导对员工足够尊重时，其实就是在代表企业对员工表达尊重，员工自然会投桃报李，对企业产生黏性，不会轻易离职，更不会在企业遇到难处时落井下石，这就是企业和员工之间产生了凝聚力。

第二，言出必行。

诚信不仅是做人的原则，也是领导者的守则。现代市场是信用经济，所以领导者要重视自身的信用价值，只要对员工有所许诺就必须兑现，这样员工才会意识到领导不是在打官腔，而是真心实意给员工办事，追随者会越来越多，和员工的凝聚力也一定会得到加强。在员工对未来发展充满迷茫时，领导的一句话就能稳住军心，因为大家知道领导的承诺会兑现。最典型的就是员工的薪酬待遇问题，只要领导一直信守承诺，即便某些回报不能马上兑现，大家也愿意不计后果地继续工作，因为对领导的信赖能压倒一切怀疑。

第三，关心他人。

员工遇到问题时，领导者不要总站在“官方”的角度去看待问题，也要适当理解对方的难处，虽然不能完全为了员工放弃企业的利益，但哪怕只作出一次让步，也能感动对方。正如人们所说：小事之中见真情。一个领导能够在一件具体的事情上对员工嘘寒问暖，往往会让对方铭记终生。比如，见到某个员工脸色不好，应该询问对方是否身体不适，相信员工一定会感动。这种感动是一种积极的情绪反应，会让员工移情到企业身上，认定在这里工作可以感受家一样的温暖，这种发自内心的认可会让更多的人愿意与企业同舟共济。

第四，坚持自律。

领导者要成为团队的表率，就必须有主心骨该有的样子，形成一种思维惯性，让大家意识到领导在用个人行动去带动整个集体。这种自律性会强化领导的人格魅力，让团队成员不由自主地向领导学习，于是大家心中就产生了一个统一的样板，当越来越多的人接近这个样板时，彼此的相似度就越高，越容易认同团队文化，产生集体归属感，成员之间的凝聚力也便悄然形成了。

第五，建立多重交集。

有些领导在上班时对员工发号施令，但是下班以后会和员工打球，既保持了威严性又具备亲民性，在员工心中获得了一种平衡。所以，领导者要多寻找甚至创造这种机会，融入到员工的工作之外，这对提升亲和力有显著的效果。除此之外，多重交集还可以拓展内部沟通的渠道，让领导增加了解团队成员的机会，从而在不同场合获得不同的信息，比如团队中的A小组和B小组私下会有活动，如果领导和这两个小组都有工作外的交集，就能了解其成员关系和内部动态，日后在调兵遣将或者调解纠纷时就有了工作抓手。

评价一个团队的强弱，主要看它在内部遇到分歧时能否快速化解危机。如果彼此都互不相让，说明这支队伍原本就是一盘散沙，不过是貌合神离而已，其领导者也毫无威信可言；如果这支队伍能快速复合并重新集结，说明大家有统一的价值观，其领导者也有足够的人格魅力，这样队伍很难被拆散，因为成员是被一种叫亲和力的力量紧紧凝聚着。

5. 启迪心智：用讲故事的方式教育员工

有人说，讲故事是21世纪最应具备的基本技能之一。这话不假，我们从孩童时代开始就喜欢听故事，即便我们步入社会以后，也会发现故事在成人世界依然有着广泛的受众，这是因为故事具有间接影响作用，能够帮助讲述者巧妙地说服别人，从而直接或者间接地获取成就和财富。更重要的是，一个好故事能够让我们更好地认识世界、理解生命以及审视自我。

创业需要讲故事，营销需要讲故事，管理同样需要讲故事。对于企业来说，构建企业文化，让员工形成与之相匹配的核心价值观，都离不开故事，故事已然成为一种实用的管理工具。从领导者的角度看，讲故事能够更有效地激励、说服与影响员工，从而帮助企业解决问题、达成目标、实现价值。难怪《哈佛商业评论》中指出：讲故事是一种重要的管理工具，能够增加个人魅力，能够影响别人的价值观，塑造个人形象，传播商业文化。

故事的力量到底有多大？从现实来看，一个想要创立独特文化与内涵的企业，必然离不开故事，否则企业文化就会变得十分苍白和干瘪。领导者要通过讲故事来改变员工的思考、行动以及感受方式，所以如何创作故事和讲述故事就成为非常重要的能力。当然，针对企业管理来说，故事的选取和讲述有侧重点，通常可以分为四种类型，对应四种不同的讲述手法：

第一类故事，和“企业愿景”有关。

所谓愿景故事，是为了唤起员工的希望，特别是当某个员工或者整个团队不知道自己要做什么的时候，通过一个愿景故事可以提醒大家给自己设定一个终极目标，那么在完成这个目标的过程中就能提高士气，从而起到鞭策和激励的作用。

一位游客到日本旅行，发现一家小店门口挂着一块牌子，上面写着“庆祝本店152周年店庆”。游客很好奇，进去一看，发现是一对老夫妇在做糕点，一问才知道，这家店确实有152年的历史。游客问老夫妇为什么不扩大规模，他们说几代人一直在这里做，他们享受目前的状态，这就是他们最纯粹的人生愿景。

讲述此类故事时，领导者要发自肺腑、动情地讲述，特别是涉及到主人公如何攻克难关时，要多从人物的内心世界出发，向员工揭示出故事主人公是如何说服自己的过程，讲述一条清晰可见的心路历程，才能更好地打动人心。

第二类故事，和“如何认识我自己”有关。

企业愿景是一个大命题，离不开员工自我认知这个相对较小的命题。所以这一类故事是很多文艺片惯用的主题——“如何认识我自己”，它可以具体拆分成“我是谁”“我为什么要在这里”等分支。

香港的一家摄影协会曾经举办了一次大型摄影比赛，比赛邀请了世界知名摄影师安塞尔·亚当斯当评委，于是不少摄影爱好者前来参加。有一个爱好者带来了自己多年来拍摄的照片，朋友问：“为什么不附上你的名字和简介呢？”摄影爱好者摇了摇头说：“不用知道我是谁。”他按程序递交了参赛作品，最终他的作品获得了二等奖，朋友佩服地对他竖起了大拇指，而他却这样说道：“参加比赛，我希望人们都是用作品说话，而不是靠所谓的名气和地位。否则就是对其他参赛选手的不公平，也是对自己作品的不尊重。”这个爱好者不是别人，正是香港著名的歌手和演员郑中基。

讲述这类故事时，要强调真实感，不必夸大情节或者刻意变换腔调，能够引起员工共鸣才是重点，这样就能帮助他们认清如何给自己定位的道理，从而精确锁定每个人在团队中的位置和作用。

第三类故事，和“教育”有关。

员工需要教育，但脱离了学校这个特定的环境，人们很难再还原“学生”的身份，所以就要通过一个能够引人深思的故事去教育员工，不能是填鸭式的观点输出，而是要巧妙地作用于员工的内心，才能达到教化的目的。

一家饭店招聘后勤经理，选定了两个应聘者，老板给他们出了一道题：去菜市场打听一下土豆的价格。很快一个人回来了，他说今天土豆是1块2一斤。两个小时过去了，另一个人才回来，他这样和老板汇报：今天土豆比昨天贵，个头大的要1块4一斤，普通的要1块2一斤，品相不好的要1块一斤，如果不挑大小就是1块1毛5一斤，买的多还可以降价到1块1。结果，老板录取了第二个人为后勤经理。

讲述这类故事，领导者可以声情并茂，尽量让故事中的人物鲜活生动，吸引员工听下去，然后向员工抛出一个问题让他们思考。这样故事听过瘾了，道理也想明白了，整个团队也受到了教育。

第四类故事，和“价值观”有关。

团队需要企业核心价值去引导，那么员工就要对“价值”一词有着足够的敏感和认知，这样才能更容易地融入企业文化。所以，这类故事的作用就是启发员工的心智，让他们调整自我认知。简单说就是，企业宣传的价值观对员工意味着什么。

一家连锁服装店打广告，表示如果顾客回到家后感觉不喜欢，服装店可以再赠送一件衣服配饰，结果这大大增加了开店成本，然而老板却告诉店员不要抱怨，即使是利用这个规则不断索要新配饰的顾客，也会因对本店的歉意感和依赖感，从而提高忠诚度。

讲述这类故事时，领导者可以用比较深沉的腔调去讲述，就像是在回溯一个经典的案例，这样可以增加严肃感，毕竟企业价值观关系到生存发展，是每个员工都应该静下心面对的问题，所以越有深度感越能让人回味无穷。

故事因为生动鲜活、寓理于情的特点，一直深受人们喜欢。领导者还可以把平时不便说的内容隐喻在故事里，这样既避免了让部分员工尴尬，也能引起所有人的深思，这比直接给员工讲大道理或者尴尬地煽情要好得多，这就是故事的魅力所在。

6. 号令群雄：合适的煽情就是助燃剂

2020年，一则新闻引起了人们热议：陕西汉中一家企业的领导通过“鞠躬”的方式迎送员工上下班，据称是为了体现出领导和员工的平等关系，已经坚持了快一年的时间，并非作秀。不少网友对此展开了争论：有的认为这家企业很尊重员工，有的认为是流于形式主义，并不可取。其实，我们很难通过一则新闻查清事情的真相，但通过这件事可以反映出一个现象：现在的确有很多企业开始注重维系和员工的关系，核心就是打感情牌。

“煽情”一直是个饱受争议的词汇，容易被认为是强行制造泪点或者升华感情，其实这不过是营销主义大行其道带来的负面作用。作为人来说，感情永远是不可或缺的组成部分，哪怕是为了“养家糊口”的职场，也希望领导和同事对自己有工作之外的感情，这是员工的基本诉求。

煽情本身没有错，错的是没有掌握好方式和尺度，导致煽情过猛，让人难以接受。合适的煽情是调动团队的助燃剂，能够让每个员工爆发出高昂的斗志，提升工作效率。

作为领导者，为员工考虑是责任所在，这并无争议。问题在于你要让员工感知到这一点，不能无视领导在背后的默默付出，而煽情就是把这种真实的付出摆在了桌面上，让更多的人看到，从而被感动和激励，强化上下级的关系，这是“阳谋”而非“阴谋”。那么，如何才能准确地使用煽情呢？

第一，表达出温柔的亲密。

虽然“拉拢”这个词并不好听，但领导者确实要通过拉拢来调兵遣将，把每个人的能力发挥到最大，而最直接的煽情办法就是建立亲密感。对员工来说，亲密感相当于领导告知自己“你对我很重要”“我们的关系很近”，这就在瞬间把员工拉到了自己的阵营中，这是一种客观的工作需要，并非是在割裂团队。所以，领导在和员工相处时要多创造这种亲密感，比如在沟通时可以加上一句“你跟我有些地方很像”或者“我是真把你当成自己人”，用这类话术向员工释放好感信号，增进感情。

第二，表达出深度的信任。

作为员工，都想有更多表现自我的机会，所以当领导表达出对自己的信任感时都会感到高兴。所以，领导要用足够真挚的话语去寄托自己的期望，比如在交给员工任务后这样说：“你是我最信任的员工，这个项目对我很重要，交给你我最放心。”或者也可以这样讲：“这是一个具有挑战性的工作，我第一时间就想到了你。”诸如此类，不用担心员工会质疑这种话的真实性，因为每个人都渴望成为特别的人，更何况没人会拒绝领导的夸奖，特别是对于有上进心的员工，仅凭这一句就足够点燃其积极性的了。

第三，表达出高度的赞许。

夸奖是一门技术，并不是对员工说一句“干得不错”就是煽情了，而是要体现出对方的成长。正如我们在观看影视剧的时候，最让人回味的往往是剧中人物的成长，同样，每个人都渴望因成长而被有地位、有声望的人肯定，这是一种自我实现的高级需求。所以，领导在员工完成一个项目以后可以这样说：“真没想到，你来公司才一年多就成长得这么快，我原来是按照三年来培养你的，现在发现我错了，但我挺高兴。”这番话既表达了对员工快速成长的肯定，同时也暗示了领导一直在器重他，这种暖心又励志的话，自然会让员工继续努力工作。

第四，表达出真切的不舍感。

如果一个新员工成长缓慢，或者一个老员工无法适应新的环境，他们肯定会产生焦虑，担心自己已经被团队和领导放弃了，而领导一旦察觉到这种变化，就是施展煽情术的最好机会。比如，当员工犯错时，领导可以说：“你放心，我不会放弃你的。”既在客观上承认员工存在不足又能安慰对方。再比如，当员工因为各种原因想要辞职时，领导为了挽留可以说这样的话：“看在我的份儿上就别走了，我接受一个新人真的很难。”对于这种动情的话，相信大多数员工都会为之动容，会重拾与团队并肩作战的念头。

当然，煽情只是一种手段，是助燃剂，在煽情之外，领导也要作出相应的行动，比如在拉近关系时可以赠送一些小礼物，在挽留员工时私下请对方吃一顿饭，不必破费多少，但最好不要只停留在口头上，因为一旦被员工判定为“花言巧语”，领导的威信就会一落千丈。

上述这些煽情的话语，可以对一个人讲，也可以在调整话术后对多个人乃至整个团队讲。无论是点对点还是点对面，只要感情的浓度到位并不溢出，就能适时地点燃员工潜藏的热血和激情。

现代企业管理已经越来越重视团队的凝聚力和向心力，很多企业和领导者都在研究如何打“感情牌”：有的给员工发“亲情工资”，有的给员工送上生日祝福，甚至有的给员工下跪洗脚……我们不必做得如此夸张，但要顺应这种时代潮流，而共情管理就是最符合当下要求的管理方法，它可以根据不同领导者的行事风格具象化为一种管理模式，这种模式运用得法，就能带领团队心无杂念、斗志满满、所向披靡！